KB262804

세창

발명이 세상을 바꾼다

유중근 지음

발명이 세상을 바꾼다 발명이 세상을 바꾼다 발명이 세상을 바꾼다 발명이 세상을 바꾼다

세창미디어

발명보다 소중한 재산은 없다

　　어느덧 내 나이 67세. 세월이 화살 같다는 말이 새삼 실감이 난다. 마음은 아직도 청춘인데 몸은 어쩔 수 없나 보다. 건강을 위해 틈나는 대로 골프도 하고 등산도 해왔지만 예전 같지 않음을 조금씩 느낀다.

　　꿈많은 학창시절, 모든 사람들이 그랬듯이 정치인, 경제인, 예술인 등 하고 싶은 일도 많았는데 결국 발명가와 기업인이 되어버렸다.

　　내 모든 것을 바친 발명가와 기업인의 길, 옆에서 지켜본 일부 사람들은 순탄한 삶으로 생각하고 부러워도 하지만 오늘이 있기까지 높은 산을 넘고 깊은 강을 건너는 것보다 힘든 어려움도 많았다. 지금 돌이켜보면 잘도 이겨냈구나 하는 생각과 함께 내 자신에게 감사하는 마음도 든다.

　　결코 후회도 없다. 다시 살라 하면 좀더 열심히는 살겠지만 그 이상의 다른 마음은 없다. 또다시 발명가와 기업인으로 살겠다는 말이다.

　　발명과 기업경영을 통해 국내외에서 많은 상도 받았다. 많은 사람들의 선망의 대상인 금탑산업훈장도 받았다. 모두가 분에 넘치는 상이었지만 좀더 열심히 살아달라는 격려로 받아들였다.

　　나의 뜻을 받들어 자식들도 제몫을 하기 위해 노력하고 있다. 평생을 나 하나만 바라보며 내조를 아끼지 않은 아내도 어느 사이 백발이 되었다. 정말 고마운 사람이다.

　　오늘이 있기까지 나를 믿고 도와주고 격려해준 수많은 사람들, 나름대로 베풀고 봉사한다는 자세로 살아왔지만 그들에게는 어떤 방법으로 보답해야 할까? 이런 생각을 하노라면 더 열심히 살아야겠다는 새로운 힘과 용기가 생긴다.

이 책은 바로 그런 의미에서 쓰기로 했다. 그러나 가끔 간단한 기고나 특강 정도의 글을 써온 게 고작인 나에게는 큰 두려움이 앞선다.

나름대로 열심히 살아온, 그리고 거기에서 배운 지혜와 경험담을 남기는 것도 보답의 일부라고 믿었기에 오래전부터 준비해온 일이었는데도 여간 힘든 일이 아니었다. 그러면서도 할 말, 즉 쓸 것은 많아 두세 차례에 나눠 쓰기로 하고, 이번 책에는 발명에 관한 30가지의 교훈을 정리해 보기로 했다.

지식정보화시대에 발명보다 소중한 재산은 없다. 기업도 자본보다는 기술, 즉 발명이 우선이다. 발명이 없는 기업은 모래성 같은 것이다. "1국민 1발명시대"라는 말이 새삼스럽지 않은 것도 이 때문이다.

사람마다 개성이 다르고 살아가는 방법이 다르므로 이 책이 곧 발명의 지름길이라고 단언하지는 않겠다. 그러나 발명을 하고자 하는 사람에게는 도움이 되리라 믿는다.

앞에서도 말했지만 처음 쓰는 책이라 많이 부족하다. 많은 이해와 양해를 부탁드린다. 부족한 글을 훌륭한 책으로 만들어 주신 세창미디어 이방원 사장님과 직원 여러분, 그리고 자료정리와 그림을 그려주신 분들에게도 감사를 드린다.

2002년 여름

和村 유 중 근

차　례

제1부 발명가의 자세

제2부 발명가의 실천

제3부 발명가의 사고

제1부 발명가의 자세

발명보다 큰 힘은 없다

우리 인간이야말로 창조주로부터 지음받은 최고의 걸작품일 것이다. 창조의 섭리로 태어난 인간이 또 다른 창조를 하는 것은 지극히 당연한 일인지도 모른다.

그래서 독수리에 비하면 '새발의 피' 같은 무딘 손톱과 발톱을 가졌으면서도 독수리를 이길 수 있는 힘이 사람에게는 일찍부터 잠재되어 있었던 것이다.

달리기를 잘하는 치타나 말에 비하면 굼벵이 같은 느린 존재가 인간이고, 사납기로 말하면 사자나 호랑이와는 게임도 안 되는 연약한 이빨과 피부를 가졌다. 어디 그뿐인가.

바람이 조금만 세게 불어도, 눈·비가 조금 많이 쏟아지거나 반대로 서너 달만 비가 내리지 않아도 생명에 위협을 받는 것이 사람이다. 추위나 더위에 약하고, 높은 산이나 드넓은 바다의 위용 앞에서 더할 수 없이 무력한 것도 인간이다.

그러면서도 인간은 험한 환경과 대자연 속에서 오히려 번성해왔고, 만물의 영장으로 군림하며 땅을 정복하고 모든 생물을 다스리고 있다. 무엇이 이 엄청난 일들을 가능하게 했을까? 바로 발명의 힘이다.

　　만물 중에서 인간만이 유일하게 사고의 능력을 가졌고, 생각하는 지혜가 있다는 것이야말로 사람이 동물과 다른 점이다.

　　'어떻게 하면 저렇게 빨리 달아나는 토끼를 잡을 수 있을까?'

　　'어떻게 해야 물속에서 쏜살같이 움직이는 물고기를 나꿔챌 수 있나?'

　　이런 생각들이 사람으로 하여금 긴 막대기 끝에 뾰족한 돌을 달게 했고, 활이나 화살, 물멧돌 같은 것들을 만들 수 있게 하였다.

　　"야, 이 물멧돌 맛을 봐라!"

　　아주 약하고 작은 소년 목동 다윗이 골리앗 같은 거대한 장수를 단번에 쓰러뜨릴 수 있었던 것도 양을 치면서 맹수들을 쫓기 위해 만들어낸 물멧돌 덕이었다. 언뜻 보면 초등학생과 대학생의 무모한 싸움 같지만, 자신보다도 훨씬 큰 곰이나 맹수를 물리칠 수 있는 인간의 지혜를 생각한다면 그리 불가능한 일도 아닌 듯 싶다. 힘만 세고, 덩치만 크다고 최고는 아니라는 말이다.

　　물고기를 잡는 투망, 그물, 고래를 잡는 작살, 새를 잡는 새총, 토끼를 잡는 덫 등 크고 작은 많은 발명품들을 만들어내면서 인간은 커다란 맹수와 싸워 이길 수 있었다.

　　그뿐만이 아니다. 혹한 추위를 이겨내기 위해 불을 피우는 방법을 생각해냈고, 집도 지었다. 농사를 짓기 위해 물을 끌어올리는 방법을 생각했고, 홍수나 가뭄을 해결하는 법도 생각해냈다. 인간은 맹수나 짐승과의 싸움, 자연과의 싸움 그리고 인

간과 인간의 싸움에서조차 이기는 방법을 연구한 끝에 수많은 발명품들을 만들어냈다.

인간과 인간의 싸움으로 가장 격렬했던 싸움인 제2차 세계 대전에서도 결국 발명에 앞선 자가 승리를 했다.

독일이 먼저 잠수함을 만들었을 때 전 유럽은 독일의 수중에 들어가는 듯했다. 그러나 유럽은 곧 초음파 탐지기를 발명하여 독일의 잠수함을 꼼짝 못하게 했고, 전세를 뒤바꾸었다. 또한 일본이 거대한 나라 중국과 러시아를 쳐들어갔을 때, 그들이 가진 무기는 끔찍한 충성심으로 무장된 군사력이었다.

이에 반해 미국은 아마추어 발명가의 아이디어와 원자폭탄이라는 발명품을 무기로 삼았지만 결국 미국은 일본으로부터 무조건 항복을 받아냈다. 이 또한 발명의 힘이었다.

비단 싸움에서뿐이 아니다. 현실적으로 급박하게 돌아가는 사회를 보더라도 기업과 기업 간의 경쟁에서도 발명이 승부를 가름하는 중요한 잣대가 되고 있다. 새처럼 날고 싶은 인간의 본능이 비행기를 만들었고, 말처럼 빠르게 달리고 싶어 자동차를 만들었으며, 물고기처럼 바다를 헤엄치고 싶어 배를 만들었다는 것은 이미 옛날이야기이다. 이제는 어떻게 누가 더 빠르게, 혹은 멋지게 만들어 내느냐에 따라 승패가 좌우된다.

발명에 성공한 기업은 비약적으로 톡톡 튀는 성장을 거듭하게 되고, 그렇지 못한 기업은 자멸할 수밖에 없는 것이 현실인 것이다. 자동차 발명왕 포드는 이렇게 말했다.
"우리들의 영혼 속에는 선조 대대로 내려오는 지식과 체험의 힘이 축적되어 있으며, 우리들이 어떤 일에 열중하고 있을 때 그것은 지혜와 힘을 준다."
이것은 잠재의식이 인간의 문제해결에 상당한 영향력을 미친다는 사실을 이야기한 것이다. 보통 사람들은 믿기 힘든 일이겠지만 실제로 많은 발명가들이 문제의 해결책으로 이 잠재의식을 활용해 왔다.

프랑스는 세계적으로 유명한 포도주의 명산지로서 그만큼 포도농사가 중요시되고 있는 나라이다. 그런데 약 60여 년에 걸쳐 포도 주산지에 필록세라라는 해충이 들끓어 포도농사를 크게 망친 일이 있었다. 이 황록색의 작은 벌레 하나로 프랑스의 포도농가는 시름의 나날을 보내야 했으며 막대한 손해를 보고 있었다.

POWER!!
발명의
힘
인류
역사

　　이런 참상을 보다 못한 식물학자 미야르데 교수는 해충으로부터 포도나무를 보호할 방재 연구를 시작하게 되었다. 어느 날, 아픈 마음으로 포도원 안을 거닐며 나무를 살펴보던 그는 이상한 광경을 목격했다. 이것이 실마리가 되어 미야르데는 도둑 방지액으로 쓰이는 보드도액을 노균병 방지약으로 씀으로써 문제를 해결하게 된 것이다.

　　"발명은 99%의 노력과 1%의 영감으로 이루어진다."
　　발명왕 에디슨의 유명한 말을 참고하자. 이 내용 중 1%의 영감이라는 말에 주목해 보면 에디슨도 잠재의식의 힘을 빌렸음을 알 수 있다.
　　노벨상을 수상한 일본의 유가와 박사는 침상에서 꾸벅꾸벅 졸다가 중간자의 이론을 터득했다고 한다. 또한 독일의 유기학자인 케쿨레는 런던의 한 버스 안에서 원자집합이론을 완성했다 한다.
　　"흔들리는 버스 안에서 손잡이에 몸을 의지하고 서 있었지. 그런데 갑자기 눈앞에서 몇 개의 탄소 원자가 뛰노는 광경이 펼쳐지더라구…. 그것을 바탕으로 해서 이론을 완성할 수 있었어."
　　케쿨레는 당시의 상황을 회상하며 자기 자신도 몹시 의아해했다고 한다.
　　이탈리아의 왕 히에로는 보석상이 만들어온 왕관의 진위여부를 확인하기 위해 과학자인 아르키메데스에게 숙제를 내주었다.
　　"이 왕관이 진짜 금관인지 아니면 가짜가 섞인 것인지 알아내시오."

　　요즘 같은 세상이라면 저울에 올려놓고 스위치만 눌러도 순
도 몇 %인지를 금방 알아낼 수 있겠지만, 아르키메데스는 약속
한 사흘을 하루 앞두고 고민에 빠져 목욕탕을 찾았다. 탕 안에
피곤한 몸을 담그자 물이 탕 밖으로 흘러넘치는 것을 보았다.

　　이렇게 물질의 성질에 대한 조사과정에서 아르키메데스가
발견한 물질의 밀도는 문제를 해결했을 뿐 아니라 근대 물리학
의 발전에 가장 중요한 기초가 되었던 것이다.

　　이런 사례들을 통해서 보더라도 발명은 문제해결의 열쇠였
고, 커다란 힘이었다. 더욱이 과학자들은 모두 잠재의식을 활
용하는 데도 익숙했던 것을 알 수 있다.

　　단지 이러한 사실이 가끔 오해를 유발하는 경우가 있는데.
사람들이 과학자들의 잠재의식 활용능력을 천재의 기질로 단정
짓는 경우이다. 그래서 발명은 으레 천재적인 영감을 지닌 사
람들만의 것으로 오해하게 되었다.

　　그러나 사실 잠재의식은 누구에게나 있고, 이것의 활용은
누구나 가능한 일이다. 따라서 발명이란 특정인에게 한정되는
것은 절대 아니다.

　　발명보다 큰 힘은 없다. 그리고 보통 사람일지라도 노력만
한다면 발명에 다가설 수 있다. 그 사례를 들라면 얼마든지 있
다. 그런데 발명가와 보통사람 사이에 차이가 있다면 그것은
다만 집중력의 많고 적음일 것이다. 오래 깊이 집중할수록 그
에 대한 잠재의식도 쉽게 발휘되며, 발명의 지름길에 근접하는
것이다. 무한한 힘으로 성공을 얻고자 한다면 누구든 발명에
도전하라.

개척정신으로 살라

젊은이에게는 개척이라는 말처럼 도전적인 낱말도 드물 것이다.

톨스토이의 '인생론'은 삶을 운명에 맡기고 따라가는 것이 아니라 개척하며 살아가는 법을 가르치고 있다. 그는 제정 러시아의 명문 귀족의 아들로 태어났으나 중년에 접어들면서 번민과 죄의 절망에 깊이 빠져들었다. 그래서 삶의 의미를 얻기 위해 몸부림쳤으나 해답을 얻지 못했다. 주위 사람들을 찾아 의논도 해봤지만 허사였다.

그러다가 그는 주위의 만류에도 불구하고 당시 귀족들이 멸시하는 투박스럽고 빈궁한 농노들을 찾아갔다. 그들은 가진 것 없지만 소탈하고 단순한 생활을 하면서도 기쁨에 찬 삶을 누리고 있음을 본 것이다. 톨스토이는 마침내 그 이유를 알아냈다. 어떤 위기에서도 운명을 개척해 나가는 데는 바른 인생관이라는 위대한 힘이 필요하듯 발명에도 개척정신이 필요하다.

한 젊은 만화가가 자신의 그림을 들고 여러 신문사를 찾아다니며 연재를 부탁했다. 그러나 어느 곳에서도 자신의 그림을 인정해주지 않았다. 한 신문사의 기자는 그의 그림을 보고 심지어는 독설까지 퍼부었다.

"당신은 그림에 재능이 없어요. 이런 이상한 그림을 인정해줄 사람은 아무도 없을 것입니다."

그러나 만화가는 희망을 버리지 않았다. 만화가는 교회의 홍보물에 그림을 그리며 기회가 오기만을 기다렸다. 그는 너무나 가난했기 때문에 쥐들이 우글거리는 창고에서 그림을 그렸다. 그러다가 그는 창고에 사는 커다란 생쥐 한 마리와 친해졌다.

그 생쥐의 모습을 유심히 관찰한 그는 귀여운 생쥐 캐릭터를 그렸다. 그런데 이것이 선풍적인 인기를 모으게 되었고 만화가는 일약 거부가 되었다. 이 만화가가 바로 미국 만화 영화의 개척자 월트 디즈니이고, 생쥐 그림이 그 유명한 '미키마우스'이다.

개척정신을 가진 사람은 반드시 무엇인가를 일구어낸다. 다만 그 시기가 좀 이르거나 늦는 차이가 있을 뿐이다.

　요즘은 가정마다 컴퓨터 한 대는 없는 가정이 없을 정도로 컴퓨터시대가 되었다.

　컴퓨터 프로그램 네스케이프를 처음 개발한 짐 클라크도 원래는 문제아였다. 그는 미국 텍사스 주의 가난한 가정에서 태어났으며 학교생활에는 별로 관심이 없었다. 고등학교 2학년 때 퇴학을 당한 후 그는 해군에 입대했다.

　군대에서도 그는 골치 아픈 병사로 취급되었다. 그러나 그는 도전적인 사람이었고, 수학실력은 특출하여 전역 후 대학에 진학하여 학위를 받았다.

　그럼에도 클라크는 여전히 불행한 사람이었다. 결혼을 했지만 두 번이나 실패했고, 마침내 건강에도 이상을 보였다. 클라크는 혈액색소 침착증을 보여 병원을 찾게 되었다. 병원에서 그는 환자와 의사들이 작성하는 복잡한 서류들을 보고 생각에 잠겼다.

　'이 복잡한 서류들을 간편하게 처리할 수 있는 방법이 없을까?'

　그의 도전적인 생각은 생각으로만 그치지 않았고, 개척정신에 의해 마침내 '인터넷'을 개발하게 된 것이다. 이것이 바로 헬시온 회사이다. 이 회사는 세계적인 기업으로 성장하였고, 재산은 수십 억 달러에 이르렀다. 성공을 원한다면 반드시 개척정신이 필요하다.

　맥도날드사를 창립한 데이크록 또한 원래는 종이컵을 파는 사람이었다. 그는 쉰두 살이던 1955년 시카고에서 햄버거와 감자튀김을 팔았다.

데이크록은 햄버거를 몇 도에서 구워야 가장 맛이 있고, 햄버거 속의 고기는 어떤 간격으로 칼집을 내야 제 맛이 난다는 '맛의 비법'을 알고 있었다.

그는 직접 햄버거 안내서를 만들어 전국의 대리점에 보냈다. 데이크록은 오직 햄버거 하나의 개척에 인생의 승부를 걸었던 것이다. 그는 미국 일리노이 주 오크브룩에 햄버거대학을 설립하고 햄버거를 굽는 기술과 인간관계, 대리점 운영법 등을 가르쳤다.

그가 82세로 세상을 떠날 때는 이미 억만장자가 되어 있었다. 성공한 사람들은 나이에 관계없이 자신의 앞날을 스스로 개척해 나가는 공통점이 있다.

미국의 감자왕 심프롯. 그의 일생 또한 감자로 시작해서 감자로 끝난 그야말로 감자 인생이었다. 그는 평범한 감자 농부에서 출발하여 마침내는 미국의 대사업가로 성장하였다. 이것은 그의 인생을 통틀어 그를 지배했던 독창적인 아이디어와 개척정신 덕분에 가능했던 일이다.

심푸롯이 감자 재배를 시작한 것은 그의 나이 15세가 되던 해부터였다. 그는 아버지로부터 4에이커의 감자밭을 빌려 감자를 재배하기 시작했다. 그러나 그것만으로는 별 소득을 얻을 수가 없었다. 그래서 그는 돼지 몇 마리를 사서 함께 기르기 시작했다.

그는 매일매일을 감자밭과 돼지우리 사이를 오가면서 스스로에게 질문했다.

'감자와 돼지라…. 좀더 효율적으로 운영할 수 있는 방법

은 없을까?’

심푸롯은 오랜 궁리 끝에 말고기와 감자 껍질을 혼합하여 돼지의 사료를 만들어냈다. 이 사료 덕분에 돼지들은 무럭무럭 자라났고, 심푸롯의 농장도 점점 더 커졌다.

그러나 심푸롯의 야망은 그것으로 만족하지 않았다. 그는 날마다 새로운 아이디어를 만들어내며 꿈을 키워 나가기를 계속했다.

“감자 껍질을 돼지 사료로 쓸 수 있는데, 소 사료로는 쓸 수 없을까? 방법을 찾아보자.”

그는 오랜 노력과 연구 끝에 보리에 감자 껍질을 섞어 소의 사료를 만들어내는 데 성공했다. 그리고 이것을 판매하여 막대한 이익을 얻었다. 그 후에도 심푸롯의 생각은 계속되었고, 노력 또한 아끼지 않았다.

‘이번에는 감자로 무엇을 할까? 무엇을 할 수 있을까?’

그는 계속하여 자신에게 묻고 대답하는 과정을 반복하면서 건조 감자, 건조 양파 사업에까지 손을 뻗쳐나갔다.

이렇게 해서 심푸롯은 전 미국의 감자 시장을 석권하였고, 감자 재벌로까지 불리게 되었다. 주어진 여건에 안주하지 않고, 끊임없이 도전하는 개척정신이야말로 성공으로 가는 지름길이며 우리는 이것을 배워야 할 것이다.

어느 철학가는 인생이야말로 하나의 작품을 만드는 것이라고 했다. 예술가가 작품을 위해 심혈을 기울이듯 새로운 것에 대한 도전정신과 비전이 없다면 아무 것도 할 수 없다. 음악의 거성 베토벤의 교향곡 제5번 ‘운명’ 중에서 제1악장은 억센 손

개척 정신
발 명

이 요란스럽게 문을 두드리는 소리로 시작된다.

발명에의 시작은 운명의 놀음에 맡기는 시작이 아니라 운명을 개척하는 마음으로 한발 두발 내디뎌야 할 것이다.

미국의 자동차왕 헨리 포드는 어린 시절 너무 가난하여 학교교육을 제대로 받을 수조차 없었다. 그런데 어느 날, 고생에 시달리던 그의 어머니가 갑자기 쓰러지게 되었다.

"어머니, 정신 차리세요."

포드는 급히 의사를 모시러 갔다. 하지만 그가 다시 돌아왔을 때는 애석하게도 이미 어머니가 세상을 떠난 후였다. 그는 가난을 원망했다. 그리고 빨리 의사를 모시고 오지 못한 것을 아쉬워했다.

이것이 동기가 되어 그는 결국 빨리 달리는 자동차를 만들게 되었다. 포드는 훗날 자동차 산업으로 억만장자가 되었다. 그가 세상을 떠난 뒤 디트로이트에는 포드를 기념하는 건물이 세워졌다. 그 안에는 포드의 사진이 걸려 있고, 그 밑에는 이런 글귀가 쓰였다.

"포드는 꿈과 희망을 가지고 살았다. 그리고 그의 아내는 믿음의 사람이었다."

꿈이 없는 백성은 망한다고 했다. 꿈이 없는 사람은 무엇이건 이룰 수가 없을 것이다. 꿈과 희망을 가지고 자신의 앞날을 개척해나가는 사람이 성공을 이루듯 개척정신으로 도전하는 자만이 인생이든 발명이든 진정한 가치와 의미를 찾을 수 있을 것이다.

창의적으로 살라

이스라엘의 동화 중 「새들의 불평」이라는 것이 있다. 창조자가 각양각색의 동물을 만들어 산과 들과 바다로 내려보냈다. 그런데 새들은 입이 뾰로통하게 튀어나와 있었다. 새들은 불평을 쏟아내기 시작했다.

"다른 동물에게는 튼튼한 다리를 만들어 주면서 왜 우리에게는 이렇게 가느다란 다리를 주십니까? 그리고 양 어깨에 '날개'라는 무거운 짐을 매달아 주시는 이유가 무엇입니까?"

그러자 창조자는 빙긋이 웃으며 새들에게 이렇게 말했다.

"너희들이 무거운 짐으로 생각하는 양 날개를 활짝 펴보아라."

독수리가 맨 먼저 거추장스런 짐으로 여겼던 육중한 날개를 활짝 폈다. 그리고 힘껏 움직여 보았다. 그 순간 독수리의 몸은 깃털처럼 가벼워지며 창공을 날 수 있었다.

새들의 양 어깨에 붙은 것은 무거운 짐이 아니라 창공을 가르는 날개였던 것이다. 이 세상은 짐스러운 현실을 비상(飛上)의 날개로 생각하며 사는 사람들에 의하여 움직여진다. 창의적으로 산다는 것은 어떤 것을 말하는가.

　　페니실린을 발견한 알렉산더 플레밍의 연구실은 매우 열악하고 협소하여 연구실이라기보다는 창고라고 하는 것이 옳을 정도였다.. 창문의 유리창은 깨어져서 끊임없이 먼지와 바람이 들어왔다. 그는 이 연구실에서 곰팡이에 대한 연구에 몰입하고 있었다.

　　어느 날, 플레밍은 깨진 창문을 통하여 날아 들어온 곰팡이의 포자를 현미경으로 관찰하였다. 그리고는 매우 중요한 사실을 발견해냈다.

　　'아니, 이럴 수가!'

　　그 곰팡이에 페니실린의 원료가 숨어 있었던 것이다. 그는 이것을 토대로 페니실린을 만들었다. 그로부터 몇년 후, 한 친구가 플레밍의 연구실을 방문하고는 깜짝 놀라서 말했다.

"이렇게 형편없는 연구실에서 페니실린을 만들다니… 만약 자네에게 좋은 환경이 주어졌다면 더 엄청난 발견을 했을텐데….'

친구의 말을 듣고 있던 플레밍은 입가에 미소를 머금은 채 대답했다.

"이 열악한 연구실이 바로 페니실닌을 발견하게 해주었다네. 창틈으로 날아온 먼지가 바로 페니실린의 재료가 되었네. 중요한 것은 환경이 아니라 강인한 의지라네."

환경을 탓하며 불평만을 늘어놓는 사람에게 발전이란 없다. 성공한 사람들은 열악한 환경을 도약의 발판으로 삼는 것이다. 사람의 창의력에 브레이크를 거는 것은 바로 '무사안일'이다.

한 청년이 대학을 졸업하고 미국의 뉴욕 박물관에 임시직 사원으로 일자리를 얻게 되었다. 청년은 매일 남들보다 한 시간씩 일찍 출근하여 박물관의 마룻바닥을 닦았다. 그런데 청년은 마루를 닦으면서도 항상 행복한 표정을 짓고 있었다. 이것을 이상하게 여긴 박물관장이 청년에게 물었다.

"이보게, 대학교육까지 받은 사람이 바닥 청소를 하는 것이 부끄럽지 않은가?"

그러자 청년은 웃으면서 대답하였다.

"관장님, 이 곳은 그냥 마룻바닥이 아니라 박물관의 마룻바닥입니다."

그후 청년은 성실성을 인정받아 정식 사원으로 채용되었다. 그는 알래스카 등을 찾아다니며 고래와 포유동물에 대한 연구를 하였다. 그리고 몇년 후, 그는 세계에서 가장 권위 있는 '고래박사'로 불렸고, 뉴욕 박물관 관장까지 맡았다. 이 사람이 바로 세계적인 고래학자 앤드루스 박사이다.

발명 혹은 인생에 성공한 사람들의 최고 자산은 창의적인 생각과 뭔가 남들과는 다른 삶에 달려 있다고 해도 과히 틀린 말은 아닐 것이다.

독일 베를린의 막스 플랑크 교육연구소가 15년 동안 1천명을 대상으로 나이와 지혜의 연관성을 연구했다. 연구소는 오랜 연구를 통해 지혜로운 사람이 갖는 몇 가지 공통점을 밝혀냈다.

"지혜로운 사람들은 대부분 역경을 극복했거나 고난을 체험한 경험이 있었다. 가난한 환경에서 자란 사람들과 일찍 인생의 어두운 단면을 체험한 사람들이 평탄한 삶을 살아온 사람보다 훨씬 지혜로웠다. 또한 개방적이고 창조적인 사람들이 나이가 들수록 점점 지혜의 빛을 발한다."

창의적인 사고방식과 창조적인 삶이야말로 인생의 최대 활력소인 셈이다.

세계적인 석학들은 한결같이 청소년들의 창의력 개발만이 희망찬 미래를 보장할 수 있다고 강조하였다.

"많은 청소년들이 자신들의 훌륭한 창의력을 발견하지 못하고 매일 밤낮으로 향락을 위해 시간을 소비하고 있다. '자신의 창조력을 살려라'라는 격언을 청소년들은 잊어서는 안 된다. 그 가운데에 정열과 사랑과 행복이 잠재해 있다."

이 말은 방황하던 많은 청소년들을 발명의 길로 들어서게

찾았다!!
창
의
력
짜
신

했는데 일본의 한 청년도 그 대표적인 사람 중 하나이다. 청년은 천성이 착하고 외모도 준수했으나 놀기를 좋아했다. 그래서 매일 술집이나 다방에서 친구들과 외상으로 먹고는 그 지불을 얼음집을 경영하는 부친에게 미루어왔다. 그러던 어느 해, 그의 나이 28세가 된 때였다. 그 청년은 모 인사로부터 진정어린 충고를 듣게 되었다.

"삶에 있어서 진정한 즐거움이란 표면의 물거품과 같은 향락이 아니라 연구하고 발명하는 창의력에 있네, 만일 자네가 진정한 행복을 얻으려면 아버지의 얼음집 일을 보다 능률적으로 할 수 있는 방법부터 연구해 보게."

그 후, 청년은 그 인사의 충고를 받아들여 부친의 일을 거들며 작업의 능률화를 연구하기 시작했다. 여름이 되자 얼음집은 더욱 바빠졌다. 대개 5,6명의 젊은이가 아침 일찍부터 얼음을 잘라야 하는데 1개 150kg인 얼음을 톱으로 자라서 4kg, 8kg의 얼음덩이로 만드는 일은 무척 힘이 들고 번거로운 작업이기도 했다.

'아휴, 힘들어. 무슨 좋은 방법이 없을까?'

힘들게 일하던 청년은 문득 제재소의 둥근톱을 생각해냈다. 이 날부터 매일 제재소를 견학하며 얼음을 자르는 톱에 대한 연구를 시작했다.

그로부터 1년 후, 청년은 마침내 훌륭한 얼음 절단기를 만들어냈다. 그 절단기는 6배 이상의 작업능률을 올릴 수 있었던 것이다.

인간은 원래 창조자의 형상을 닮아 지음받은 존재이기 때문에 누구나 창의력을 갖고 있다. 다만 잠재되어 있는 그 창의력을 언제, 어떻게 끄집어내어 활용하는가에 따라 개인의 성패가 달려 있다. 역사적으로 볼 때 창조에 창조를 거듭해온 인간의 발자취가 그것을 증명하고 있고, 창의적으로 사는 사람치고 성공하지 못한 사람이 없는 것을 보더라도 알 수 있다.

사람은 누구든지 자기 몫의 재능을 가지고 있는데, 그것을 언제 발견하느냐에 따라 자신의 가치를 결정짓는다.

이탈리아에 한 소아마비 소녀가 있었다. 그녀는 자신의 장애를 비관하여 눈물로 세월을 보내고 있었다.

'이렇게 살아서 뭐해!'

소녀는 더 이상 삶의 의미를 찾을 수 없어 깊은 밤중에 독약을 먹고 자살을 시도했다. 그런데 아침에 눈을 떴을 때는 오히려 정신이 더 맑았다. 딸의 자살의도를 눈치챈 어머니가 독약병에 영양제를 넣어놓았던 것이다. 소녀는 다음날 강물에 뛰어들었으나 주민들의 눈에 띄어 구조되었다. 어느 날, 이 소녀에게 한 친구가 찾아왔다.

"친구야, 네가 아니면 아무도 못할 일이 반드시 있을 거야. 그것이 무엇인지 하나님께 물어보지 않을래?"

소녀는 열심히 기도하며 그 대답을 구했다. 그리고 자신의 존재에 대한 존엄성과 더불어 얼마나 독창적이고 특별하게 지어졌는지를 깨달았다. 그녀는 지금 로마방송국의 인생상담가로 활동하고 있다고 한다.

우리 인간은 저마다 각기 다른 재능과 창의력을 지니고 태어난 특별한 존재이다. 그러므로 마음만 먹는다면 무엇이건 할 수 있고, 만들 수 있는 창의적 존재이다. 자신에게 내재되어 있는 창의력을 먼저 발견하는 것이 성공의 첫걸음이다.

자신을 갖고 도전하라

지난 6월 월드컵을 맞이하여 멋진 축구경기가 열렸다. 우리 국가대표팀은 월드컵 4강진출이라는 아시아 최초의 쾌거를 이룩했고, 수백만 우리 국민은 세계초유의 길거리 응원으로 세계를 감동시켰다. 그런데 모든 운동경기에서도 다 그렇겠지만 축구에서도 자신감을 갖고 과감히 경기를 주도하는 팀이 이기는 것을 볼 수 있다. 즉 소극적인 플레이로는 아무리 기량이 뛰어나고 운용방식이 훌륭하다 해도 선취골을 얻을 수 없음을 요즘 텔레비전의 축구경기가 제대로 증명하고 있는 것이다.

테니스만 해도 그렇다. 평소에는 그렇게 잘하던 사람이 시합에만 나가면 번번이 게임도 안 되게 지는 경우 대부분은 자신감을 갖지 못한 데 원인이 있는 것을 볼 수 있다. 다소 실력이 부족하더라도 자신을 갖고 공격하며 도전적으로 싸우는 사람들이 우승을 차지한다. 발명에서도 마찬가지이다.

미국의 강철왕이며 자선사업가인 카네기는 스코틀랜드에서 태어났다. 그는 열두 살 때 가족들과 함께 미국으로 이주하여 새 삶을 개척했다. 카네기는 우편 배달원, 전기기사, 방적공

등으로 일하며 꿈을 키웠다. 그는 열악한 환경을 탓하지 않고 오로지 '사업성공'이라는 미래의 청사진을 그리며 자신 있게 도전한 것이다.

카네기는 펜실베이니아의 철도회사에 취직하여 돈을 모았다. 그는 저축한 돈으로 조그마한 철강업을 시작했고, 결국 미국 전체 철강 생산량의 25% 이상을 차지하는 세계적인 기업으로 성공했다. 그는 '실패한 사람들의 10가지 공통점'을 제시했는데, 모든 책임을 남에게 전가하고, 남에게 핀잔을 들으면 본능적으로 핑계를 댄다는 것이다. 그리고 열등의식과 자기비하에 젖어 모든 것을 너무 쉽게 포기한다고 했다.

다섯 살 때 피아노를 시작한 아르헨티나의 소년이 있었다. 그는 콩쿠르에 출전할 때마다 상을 휩쓸어 '피아노 신동'으로 불리었다. 스무 살 때는 세계적인 피아니스트요 지휘자로 이름을 날렸다. 그런데 한창 명성을 쌓아가던 그는 오른쪽 셋째와 넷째 손가락의 신경이 마비되는 불의의 사고를 당했다. 그의 음악인생은 비극으로 끝날 것처럼 보였다. 그러나 그는 고난 속에서도 자신을 갖고 앞날에 재도전을 시작했다.

"내겐 아직도 왼손이 있다. 오른손이 안 되면 왼손으로 더 열심히 피아노를 연주할 것이다."

결국 그는 피나는 노력으로 다시 한 번 세상 사람들을 놀라게 했다. 손가락이 보이지 않을 정도로 날렵한 그의 핑거링은 양손을 가진 사람을 무색하게 만들었는데 그의 이름은 라울 소사이다.

성경에는 "할 수 있거든이 무슨 말이냐. 믿는 자에게는 능

치 못할 일이 없다"고 가르치고 있다.

　1974년 한국에서 개봉된 영화 「빠삐용」은 혹심한 더위와 가혹한 강제노동, 그리고 살인죄라는 억울한 누명에서 벗어나려고 악명 높은 남미의 프랑스령 기아나 형무소에서 탈옥을 시도하는 종신수 앙리 샤리엘의 이야기이다. 빠삐용은 도저히 사람이 살 수 없는 참혹하고 무서운 감옥에서 인간 이하의 취급을 받으며 목숨을 이어간다. 그러나 그는 인간으로서의 고귀한 생명을 끝까지 포기하지 않고 탈옥에 도전한다. 여러 번의 실패를 거듭한 끝에 그는 드디어 탈출에 성공하여 표류하다가 남아메리카에 이르러 자유인으로 남은 여생을 보낸다. 이처럼 어떤 일이든 자신감을 잃지 않고 끝까지 도전하는 사람은 무언가를 성취할 수 있다.

　요즘 거리에 나서면 이어폰처럼 귀에 꽂는 전화기로 상대방과 대화를 주고받으며 마치 실성한 사람처럼 혼자서 킬킬거리는 사람들을 심심찮게 볼 수 있다. 일명 휴대용 이어폰 전화기로 불리는 이 전화기를 개발한 사람은 엉뚱하게도 전자기술과는 거리가 먼 일본 대학 입시센터 특별시험연구반에서 일하는 오노 히로시 교수다.
　오노 교수는 휴대용 전화기 시장의 추세가 나날이 소형화되는 것에 착안, 어떻게 하면 좀더 작게 만들어 휴대를 편리하게 할 수 있을까를 생각하게 되었다. 그러던 어느 날 학생들이 귀에 이어폰을 꽂고 공부하는 것을 보고 귀에 꽂는 전화기를 개발하면 되겠다는 생각을 하게 된 것이다.
　'그렇군! 바로 저거다.'
　그러나 생각처럼 결코 쉬운 일은 아니었다. 그래서 그는 첫 번째로 관련자료를 수집하고 분석하는 일을 시작했다. 그래도 난생 처음 대하는 기술내용이 그리 만만치는 않았지만 막상 수집한 자료를 분석하고 나니 자신감이 생겼다.
　'천리 길도 한 걸음부터 라고 했겠다.'
　이 때부터 오노 교수의 연구는 순조롭게 진행되었다.
　"관련되는 자료는 모조리 수집했어요. 그리고 한 편의 논문을 쓰는 마음으로 정리해 나갔습니다. 어려움이 있기는 했지만 이미 개발된 기술과 정립된 이론을 분석하여 결과를 정리해 보니 해답은 의외로 가까운 데 있더군요."
　오노 교수에 따르면 사람이 말을 할 때는 귀뼈와 귓구멍에

자 신 감
발명

서 진동이 일어나는데, 이 전화기 없는 전화기를 귀에 꽂고 말을 하면 원통형의 진동탐지센서가 진동을 음성으로 바꾸어 상대방에게 전달할 수 있다는 것이다. 또 상대방의 음성은 이어폰 마이크에 내장된 미니 스피커에서 울려 나오기 때문에 통화에 전혀 지장을 받지 않는다. 이에 따라 전화를 하면서 다른 일을 할 수도 있고, 공사현장같이 시끄러운 곳에서도 통화가 가능한 이점이 있다.

"이 전화기 없는 전화기는 아무리 작게 이야기해도 음성을 판별해내기 때문에 음악회 같은 곳에서 주위사람들에게 피해를 주지 않고도 마음 놓고 전화 통화가 가능하죠, 그야말로 신의 전화라고도 할 수 있지요."

또한 이 전화기는 이어폰과 비슷한 .크기의 수신기를 귀에 꽂는 것만으로 전화 통화가 가능하기 때문에 휴대에 따른 불편함이 없어 앞으로 많은 사람들에게 인기를 모을 것으로 기대되는 발명품이다. 아무튼 자기의 아이디어에 대한 자신감을 갖고 도전하는 정신으로 발명에 임한다면 그 아이디어는 훌륭한 발명으로 이미 절반은 성공한 셈이다.

발명력이 있는 사람과 없는 사람을 구분할 수 있는 방법 또한 간단하다. 발명력이 있는 사람은 오노 교수의 예처럼 자기의 조그마한 아이디어라도 주의를 집중시키고 있다는 점이다. 그 하나가 어떤 결과를 가져올지는 모르지만, 그 아이디어가 큰 돌파구를 열 수 있다는 것을 믿고 자기는 그것을 실현시킬 수 있다는 확신을 가지고 노력한다는 것이다. 사람의 정신력은 매우 놀라운 것이어서 어떠한 극한 상황도 정신력으로 극복할 수 있다. 반대로 스스로가 자기의 아이디어에게 대한 자신감이 없어 반신반의하는 정신으로 발명에 임한다면 발명으로 성공할 가능성은 벌써 희박하다는 것이다.

만일 발명력을 높이고자 마음먹었다면 자기 아이디어의 가치를 믿고 끈질기게 그것을 발전시켜 나가야 한다. 이러한 자세를 취하다 보면 다소의 모험을 각오해야 할 것이다. 때로는 법칙을 깨뜨리게 될 것이며, 하나가 아닌 여러 가지의 답을 찾아야 되고, 전문이 아닌 다른 분야에까지 파고들어 아이디어를 찾아야 할 것이다.

또한 애매함을 허용하게 되고, 때로는 남들에게 바보같이도 보일 것이며, 잠시 동안의 휴식 중에도 아이디어를 생각하게 되어 현재 상태를 뛰어넘을 수 있는 자극을 받게 될 것이다. 그리고 마지막으로 자기 스스로를 자극함으로써 이 모든 것을 실천할 수 있게 될 것이다. 그러므로 새로운 것을 시도하도록 자기 자신을 스스로가 자극시켜 발견한 아이디어, 특히 조그마한 아이디어라 할지라도 이를 발전시켜 나가도록 해야 한다. 발명적인 사람은 이러한 보잘것없는 아이디어도 무엇인가 기발한 아이디어로 이끌어 갈 수 있다는 확고한 자신감을 갖고 있다.

「다섯평 창고의 기적」을 쓴 이레 전자산업 대표 정문식 씨는 "네 시작은 미약하였으나 네 끝은 장대하리라"는 약속의 성경말씀을 믿으며 자신 있게 도전한 결과 휴대폰 충전기 개발을 통해 성공시대의 막을 열었다. 동일한 환경에서도 사람들은 전혀 상반된 결론을 내린다.

“나는 이런 환경 때문에 안 돼….”
“나는 이런 환경을 극복해야 해!”
하나님은 비전을 갖는 사람에게 반드시 밝은 미래를 예비
해 놓으신다.

실패를 두려워하지 말라

"실패는 성공의 어머니"란 격언이 있다.

1914년 12월, 에디슨이 예순일곱 살 때의 일이다. 그의 실험실에 화재가 발생했다. 그 불은 에디슨의 필생의 과업을 몽땅 다 재로 만들어 버렸다. 손해액은 2백만 달러가 넘었다. 그런데 에디슨은 화재 당시 차분하게 불타는 광경을 지켜보고 있었다. 게다가 에디슨은 그의 아들 찰스에게 어머니를 불러오라고 했다. 이런 굉장한 광경을 다시 볼 수 없을 것이라는 것이 그 이유였다.

다음 날 에디슨은 잿더미가 된 실험실을 바라보며 이렇게 중얼거렸다.

"재난도 가치가 있지. 내 모든 실수가 다 타버렸으니까. 하나님, 제가 다시 시작할 수 있게 해주셔서 정말 감사합니다."

그로부터 3주 후, 에디슨은 역사상 최초의 축음기를 발명하여 세상에 내놓았다.

실패를 두려워 말라. 실패를 두려워한다면 아무 것도 할 수 없다. 우리 속담에도 "구더기 무서워서 장 못담그랴!"라는 말이 있다. 얼마 전 인기리에 방영된 TV드라마 '상도'에서 화제가 된 말이 있다. 상도(商道)는 이(利)보다 의(義)를 중시하여 "장사란 이익을 남기기보다 사람을 남기기 위한 것이다"라고 하는 것이 그것인데 IBM의 설립자인 톰 왓슨의 성공비결 중 하나도 사람을 가장 소중한 자산으로 여긴다는 것이었다.

한번은 젊은 부사장이 매우 모험적인 신제품 개발계획을 보고했다. 톰 왓슨은 과연 이 사업이 성공할 수 있는지를 물었다. 그 때 부사장은 위험부담이 큰 사업일수록 큰 수익을 올릴 가능성이 높다고 주장했다. 그러나 신제품 개발사업은 회사에 1000만 달러 이상의 손해를 입히고 말았다. 톰 왓슨이 부사장을 불렀을 때, 그는 사표를 제출하며 이렇게 말했다.

"회사에 막대한 손해를 끼친 책임을 느껴 사직서를 제출합니다."

그러자 톰 왓슨이 정색을 하였다.

"무슨 소린가? 나는 자네를 교육하는 데 무려 1000만 달러를 들였는데…. 다시 시작하게."

사장의 격려에 용기를 얻은 부사장은 다시 한 번 도전하여 결국 신제품 개발에 성공했다. 성공을 원한다면 실패를 두려워해서는 안 된다. 실패비용은 바로 성공을 위한 교육비이기 때문이다.

리더스 다이제스트에 소개된 '실패에 맞서 싸우는 다섯 가지 방법'을 요약하면 첫째, '실패'라는 단어 대신 '시행착오'라는 말을 사용하라는 것이다. 희망적인 언어를 사용하는 사람은 쉽게 재기하기 때문이다. 둘째, '마지막'이라는 생각을 버려야 하는데 실패를 딛고 재도전할 기회는 반드시 찾아온다는 것이다. 셋째, 자신을 실패자로 비하해서는 안 되는데 실패의 원인을 분석하고 반성은 하되 비하는 하지 말라는 것이다. 넷째, 항상 실패를 맞이할 준비를 하라는 것이다. 인생은 깊은 수렁도 있고 넓은 초원도 있기 때문이다. 다섯째, 실패가 예견되면 빨리 단념하라는 것이다. 사람들은 가끔 차선책에 대한 미련으로 최선책을 놓치는 우를 범하기 때문이다.

세상은 실패를 '시행착오'로 여기고 다시 일어서는 적극적인 사람들에 의하여 주도된다. 이 사람의 나이는 53세, 그가 하는 일은 모두 실패로 끝났다. 말단 공무원으로 취직을 했다가 곧 해고되었다. 이런 일이 반복되면서 자신감을 잃었다. 게다가 전쟁 때 입은 왼손의 부상은 그를 항상 우울하게 만들었다. 그러던 중 작은 실수로 감옥에 갇히는 신세가 되고 말았다. 그의 인생은 비극적인 종말을 고하는 듯싶었다. 그러나 그는 감옥에서 뜨거운 창작의욕을 느꼈다. 그 열정으로 쓴 글이 한 권의 책으로 묶여 나왔을 때 사람들은 환호했다. 이 작품이 바로 400여 년 간 전세계인들에게 널리 읽히고 있는 「돈키호테」이다. 실패를 재도약의 기회로 삼은 이 작가의 이름은 세르반테스이다.

실패야말로 새로운 출발을 위한 최상의 기회일 수 있다. 전세계 사람들이 즐겨 입는 청바지는 실패에서 태어난 세계적 발명품이다. 발명가는 '천막천'을 생산하던 스트라우스로 미국인이다. 이 이야기의 무대는 샌프란시스코로 1930년경. 이 곳에서는 많은 황금이 쏟아져 나왔다. 이 황금을 캐려고 모여드는 사람들로 인산인해를 이루었고, 전지역이 천막촌으로 변해 갔다. 이래서 천막천을 생산하던 스트라우스는 재미를 톡톡히 보고 있었다. 그런데 어느 날, 그에게 군납(軍納) 알선업자가 찾아와 대형천막 10만 개분의 천막천 납품을 주선하겠다고 제의해왔다. 스트라우스는 큰 돈을 대출 받아 공장과 직원을 늘리고 밤낮으로 생산하여 3개월 만에 약속받은 전량을 만들었는데 그 양은 작은 산을 이루었다.
그러나 그만 군납의 길이 막혀 버렸다. 시간이 흐르면서 빚독촉이 심해지고, 직원들도 월급을 안 준다고 아우성이었다. 그러던 어느 날, 그는 홧술이라고 마실 양으로 주점에 들렀다가 광부들이 옹기종기 모여앉아 해진 바지를 꿰매는 광경을 목격했다.
'쯔쯔, 천이 약해 금방 닳았군. 우리 천막천은 질겨서 좀처럼 헤지지 않는데…. 그래, 바로 그거다!'

스트라우스는 천막천으로 광부들의 작업복을 만들어 일약 세계적인 거부가 된 것이다.

요즘 사무실에서나 학생들, 젊은이 할 것 없이 즐겨 사용하고 있는 포스트잇 또한 실패가 낳은 작품이다. 발명가는 '3M'이라 불리는 미네소타 마이닝 엔드 매뉴팩처링사 중앙연구소 연구원이었던 스펜서 실버.

실버는 당시 접착성 중합제의 신소재로 불리는 '모노머'를 구입하여 새로운 접착제를 연구하고 있었다. 연구에 연구를 거듭하던 어느 날, 실버는 '모노머를 다량으로 반응혼합물 속에 넣으면 어떻게 될까?'라는 엉뚱한 생각과 함께 실험에 착수했다. 그런데 신기한 결과가 나타났다. 접착성이라기보다는 응집성 정도의 신기한 접착제가 탄생한 것이다.

"접착성이 약해 붙었다가도 떨어져 버리는 이것을 어디에 씁니까?"

3M사는 이것을 특허출원만 하고 생산은 하지 않았다.

그로부터 5년 후, 3M사의 제품사업부에서 일하던 아서 프라이가 교회 합창단에서 찬송가를 부르던 중 새로운 쓰임새를 떠올려 '포스트잇'은 일약 히트 상품이 되면서 전세계에 불티나게 팔려 나가게 된 것이다.

물에 뜨는 비누인 '아이보리 비누' 또한 한 직원의 실수로 버리게 된 비누 원료를 다시 연구하여 성공을 거둔 발명품이다. 발명가는 일본에서 비누공장을 경영하던 후지무라라는 여사장. 어느 날 점심시간, 대부분의 공원들이 점심을 먹기 위해

비누가
어디에 떨어
졌지??
비누가
물에 떠 있네
....
비누

자리를 비운 공장의 한 구석에서 기무라라는 공원만이 큰 가마 솥 앞에 앉아 꾸벅꾸벅 졸고 있었다. 잠시 후 점심시간이 끝나 자, 공원들이 작업장 안으로 들어오기 시작했다. 갑작스런 소란 에 잠을 깬 기무라는 기지개를 켜다 말고 소스라치게 놀랐다.

"앗, 큰일났다!"

얌전하게 끓고 있어야 할 비누 원료가 그만 너무 끓어 솥 에서 넘쳐나와 바닥으로 흘러내리고 있었던 것이다. 어느 새 솥 주변으로 모여든 사람들이 저마다 한 마디씩 해댔지만 마침 밖에서 일을 마치고 돌아온 후지무라 사장은 끓어 넘친 원료를 한참이나 지켜보다가 원료가 완전히 타버리지는 않았음을 깨달 았다.

'어쩌면 이 원료를 다시 쓸 수 있는 방법이 있을지 몰라!'

줄곧 한 가지 생각에 몰두하던 후지무라는 문득 의자에서 벌떡 일어났다.

'거품 같은 비누! 그럼 가벼운 비누가 되겠지.'

그녀는 문득 1년 전, 방콕을 여행하면서 목격한 장면을 떠올렸다. 굉장히 많은 사람들이 강으로 쏟아져 나와 목욕을 하고 있던 모습이었다.

'강에서 목욕하다 비누를 떨어뜨리면 찾기가 힘들겠지. 물 에 뜨는 비누를 만들어 방콕으로 수출한다면….'

후지무라는 되풀이된 실험 끝에 자신이 생각했던 비누를 만들어내는 데 성공했다. 이처럼 성공하는 사람들은 실패를 두 려워하지 않을 뿐만 아니라 실패를 오히려 도약의 발판으로 삼 는다. 그런 예를 다 들자면 지면이 모자랄 정도다. 성공을 원 한다면 실패를 두려워 말고 도전하라.

역경을 이겨내라

세상에는 두 종류의 사람이 있다. 자신의 앞을 가로막는 걸림돌, 즉 재난, 혹은 역경을 만났을 때, 거기에 걸려 넘어지는 사람과 장애물을 딛고 오히려 더 멀리, 높이 나아가는 사람이다.

한 가정에 두 형제가 있었다. 형제의 아버지는 심각한 알코올 중독자였다. 어머니는 술 취한 아버지를 향해 고함을 질러댔다. 형제는 열악한 환경에서 성장했다.

그리고 20년이 지난 후, 형은 의과대학의 저명한 교수가 되어 '금주운동'을 전개했고, 동생은 알코올 중독자가 되어 병원에 입원해 있었다. 두 사람은 자신의 현실에 대해 동일한 답변을 했다.

"알코올 중독자인 아버지 때문에…."

형은 비극적인 환경을 교훈삼아 희망의 삶을 개척했고, 동생은 환경의 노예가 되어 가계에 흐르는 저주를 그대로 이어받은 것이다.

역경은 누구에게나 있는 법이다. 그것을 도약의 기회로 삼을 것인지, 절망의 늪에 빠져 영원히 침몰할 것인지는 본인만이 결정할 수 있다.

한 불우한 소녀가 있었다. 소녀는 가난한 가정에서 태어나 홀어머니와 함께 살았는데 먹을 것이 없어 아사 직전에 이웃에게 발견되어 겨우 목숨을 건진 적도 있었다. 설상가상으로 제2차 세계대전이 일어나 두 모녀는 더욱 굶주림에 허덕였다. 소녀는 구호단체의 빵을 얻어 먹으며 위기를 극복했고, 장성하여 세계적인 영화배우가 되었다. 소녀의 이름은 '오드리 헵번'으로 지금은 전세계를 다니며 굶주린 어린이들을 돕고 있다.

채근담에도 이런 말이 있다. "사람이 역경에 처할 때는 몸이 아파 쓴 약을 먹는다고 생각하라." 다시 건강한 삶이 찾아온다는 말이다.

후안 몰도케도 이렇게 말했다.

"젊은 시절의 실패는 곧 성공의 토대가 된다. 실패를 보고 물러서든가 아니면 다시 일어나든가. 젊은 사람 앞에는 이 두

가지의 길이 있는데 그 순간에 그의 생애는 결정된다.”

이 세상에 역경을 딛고 일어선 기쁨보다 큰 기쁨도 없을 것이다.

1916년 덴마크에서 한 성실한 사람이 목공소를 운영하고 있었다. 그런데 잘되던 목공소가 경제공황을 만나 타격을 받게 되어 장난감 공장으로 업종을 바꾸었다. 그러나 1960년, 나무 장난감 공장이 불에 타는 어려움을 겪게 되었다. 결국 이 회사는 조그만 플라스틱 토막에 미래를 걸었는데 오늘날 연간 매출액 10억 달러가 넘는 「레고」라는 이름의 세계적 브랜드로 성공했다.

1930년의 미국은 극심한 경제공황에 시달렸다. 부도를 막지 못해 자살하는 기업인들도 속출했고 학교와 은행은 문을 닫았다. 그 때 한 실업가가 충격적인 선언을 했다.

“미국의 중심지인 맨해튼에 세계에서 가장 높은 빌딩을 짓겠다. 시련을 만나 한숨만 짓는 사람에게는 어떤 희망도 기대할 수 없다.”

그는 실업자들을 불러 모아 아무도 상상하지 못했던 102층 건물을 짓기 시작했다. 경제인들은 그를 비웃었다.

“102층 빌딩이라니…. 저 사람은 제 정신이 아냐. 곧 망하게 될 걸.”

그러나 그는 묵묵히 공사를 계속하여 세계에서 가장 높은 건물을 완공했다. 이 사람의 이름은 라스코. 미국 뉴욕 맨해튼의 명물인 엠파이어스테이트 빌딩을 건축한 사람의 이야기이다.

　　1991년 미국 캘리포니아 이스트 베이에 대화재가 발생했
다. 이 지역은 예술가들이 살던 마을이었는데 불길은 100여 명
의 화가, 조각가의 작품을 순식간에 잿더미로 만들어 버렸다.
조각가 헝거는 15년 동안 정성들여 제작해온 200여 점의 작품
을 모두 잃었고, 프레블은 물감과 미술공구를 잿더미에 묻었
다. 사람들이 모두 절망의 밤을 보낼 때 헝거는 불탄 나무와
금속을 재료로 새로운 작품을 만들었다. 프레블은 여러 종류의
재를 소재로 특이한 물감을 만들어 화가들에게 제공했다. 두
사람의 행동은 예술인들의 창작의욕을 자극하여 갑자기 온 마
을에 생기가 돌았다. 그리고 1년 후, 예술인들은 잿더미에서
새로운 예술을 재창조하여 '화재예술전'을 개최하기에 이르렀
다. 전세계를 감동시킨 이 이야기가 더욱 아름다운 것은 역경
을 희망으로 재창조한 것이기 때문이다.

　　영국의 수재로 불리는 한 대학생이 있었다. 그는 명석한
두뇌로 주위로부터 부러움을 한몸에 받았다. 청년은 자신의 지
혜를 자랑하며 가끔 사람들을 속이기도 했다. 그리고 그는 "신
은 없다"고 주장했다. 어느 날 그는 사고를 당해 두 눈을 잃고
말았다. 청년은 절망 속에서 이렇게 울부짖었다.
　　"하늘이여, 왜 제게 이런 시련을 주십니까?"
　　통한의 눈물을 흘리는 중에 문득 떠오르는 얼굴이 있었다.
그가 실명하기 전 거리에서 만났던 맹인들이었다. 그는 마음속
으로 결심했다.
　　'저 사람들을 위한 일이 무엇일까?'
　　청년은 그 때부터 맹인들을 위한 점자를 연구하기 시작하여

‘문타이프’를 개발했다. 그의 이름은 윌리엄 문으로 시각장애인들을 위한 점자 성경을 편찬한 사람이다. 한 순간의 역경이야말로 삶의 불순물을 제거하는 인생의 용광로가 되기도 한다.

미국의 어느 세관에서 일하던 한 남성이 있었다. 어느 날 그는 뜻밖에 해고를 당했다. 괴로워하는 그의 모습을 보면서 아내는 그를 위로하기 시작했다.

“여보, 힘내세요. 내리막이 있으면 오르막도 있잖아요. 당신은 평소에 글쓰는 것을 좋아했으니까 지금부터라도 글을 쓰면 될 거에요.”

용기를 얻은 남편은 곧 되물었다.

“그동안 뭘 먹고 살려고?”

아내는 남편을 안심시켰다.

“이럴 때를 대비해서 푼푼이 모은 돈이 있어요. 1년은 살 수 있어요.”

그러자 남편은 “그 안에 잘 팔리는 글을 쓸 수 있을까?” 하고 물었고, 아내는 “당신이 하나님을 의지하면 도와주실 거에요”라고 말했다. 둘은 그 자리에서 무릎을 꿇고 하나님께 간절히 기도했다.

그 후, 그는 한편의 장편소설을 발표했고 이것은 미국이 낳은 소설 가운데 가장 위대한 작품으로 손꼽히게 되었다. 그 소설이 「주홍글씨」이고 이 남성이 바로 나다니엘 호손이었다.

역사상 위대한 업적을 남긴 사람들은 보통 극한 고통을 만날 때 삶의 풍성한 열매를 맺었다. 역경이 있기에 창조도 있는

?!
역
경

것이다. 역경을 딛고 일어서는 데 창조보다 큰 힘은 없다. 파
스퇴르는 반신불수 상태에서 질병에 대한 면역체를 개발했고,
에디슨은 청각장애자였으나 축음기를 발명했다.

　발명가들의 의견을 종합해 보더라도 역경의 소산인 슬픔이
나 미움까지도 발명을 낳는 동기가 된다는 것이다. 학자들 또
한 야망을 갖고 있는 사람들만이 발명을 할 수 있다고 강조한
다. 그런데 이 야망은 모든 것이 풍족한 사람보다 역경에 처한
사람들이 갖게 되기 쉽다고 한다. 힘이 들면 들수록 그 환경을
극복하려는 의지가 강해지고, 그런 의지는 곧 성공하려는 야망
을 불러일으키기 때문이다. 고무의 발명가는 빚에 쫓겨야 했
고, 진주 양식을 생각해낸 사람은 이혼까지 하고 가난한 생활
을 했으며, 안전면도기의 발명가 또한 힘든 영업사원을 하면서
도리어 발명에 대한 야망을 불태우게 되었던 것이다.

　뿐만이 아니다. 대정치가와 대실업가도 대부분 젊었을 때
수많은 역경에 부딪쳤고 그 역경을 이겨낸 것은 역경이 창의력
과 연구심을 낳게 했으며 노력과 인내력을 길러준 때문이다.
한 마디로 역경은 인간을 창조적 사고로 몰아가는 힘이 있다.
그러나 창조적 사고는 꾸준히 지속될 때만 그 진가를 발휘한다.
대부분의 발명가들이 가난할 때는 그것을 극복하기 위해 발명에
몰두하지만 돈을 많이 벌게 되면 발명과는 무관한 사람이 되는
경우가 많다. 그래서 어떤 학자는 이렇게 말하기도 하였다.

　"창의는 가난할 때는 친구이지만 부자가 되면 떠난다."

　그렇다고 역경이 곧 성공의 지름길은 아니다. 역경은 어디
까지나 발명에 있어서 동기의 역할을 할 뿐이다. 역경을 슬기
롭게 극복하여 성공의 계기로 삼는 지혜가 필요한 것이다. 시

편 기자는 이렇게 노래한다.

"고난당하는 것이 내게 유익이라, 이로 인하여 내가 주의 율례를 배우게 되었나이다."

발명에 있어 성공은 숱한 역경을 재료로 만들어지는 것이다.

고정관념을 버려라

'종이는 물에 젖으면 찢어진다.'

'수박은 타원형이나 원형이 많다.'

'전화기는 통화에 이용된다.'

'콘크리트는 휠 수 없는 단단한 것이다.'

'철은 부식된다.'

'장갑은 손에 끼는 것이다.'

'화장품은 몸에 바르는 것이다.'

대체적으로 우리의 의식을 지배하고 있는 고정관념들이다. 또 있다.

'가스는 불을 만나면 폭발한다.'

'글씨는 오른손으로 쓰는 것이다' 등등.

그런데 발명은 고정관념을 버릴 때 성공하는 확률이 높다. 실제로 위에 열거한 고정관념을 깨고 성공한 발명의 예를 들어 보자.

요즘 웬만한 사무실, 병원, 심지어 길거리 등 사람들이 많이 모이거나 지나다니는 곳에는 어김없이 자판기가 있다. 이 자판기 시대를 꽃피운 종이컵의 발명가는 미국의 휴그무어로

종이는 물에 젖으면 힘이 없다는 고정관념을 깸으로써 만들어
진 발명품이다.

미국 캔자스 출신인 휴그무어는 1970년 하버드 대학에 입
학할 때만 해도 발명과는 무관한 평범한 대학생이었다. 그의
형 로렌스 루엘랜은 생수 자동판매기를 발명하여 명성을 떨치
고 있었다. 그러나 형이 발명한 생수 자판기는 자기로 된 컵을
사용하고 있어서 하루에도 몇 개의 컵이 깨지는 것이 큰 문제
점이었다. 이 때문에 형의 자판기는 날이 갈수록 그 인기가 하
락했다.

‘그렇다면 깨지지 않는 종이컵을 만들면 되겠구나.’

하버드 대학생답게 그의 머리는 빠르게 돌아갔지만 생각처
럼 쉬운 일은 아니었다. 그도 그럴 것이 종이는 물에 젖으면
찢어지거나 힘이 없다는 고정관념이 그의 생각을 가로막았기
때문이다.

그러나 그는 결국 물에 쉽게 젖지 않는 태블릿 종이를 찾
아내는 데 성공했고, 형의 자판기에 자신이 발명한 종이컵을
사용하자 광고 없이도 날개 돋친 듯 팔려나갔다.

‘인간을 바이러스로부터 구하는 길은 오직 1회용 컵을 사
용하는 것뿐’이라고 강조한 사무엘 크럼린 박사의 말이 크게
한 몫 하기는 했지만, 어쨌든 휴그무어는 아이스크림을 담아
파는 종이 용기까지 선보여 종이 용기에 관한 한 세계적 발명
가가 되었다.

국내에서 처음으로 ‘사각형 수박’이 개발되어 화제다. 전라
북도 농업기술원 수박시험장은 지난 1998년부터 성형기 제조회

사인 (주)유니온 플라스틱과 함께 고창군 수박단지에서 사각형 수박 시험재배를 실시, 생산에 성공했다.

연구팀은 계란만한 어린 수박을 일정한 틀 안에 넣어 40여 일 만에 7.5kg 정도의 수박을 수확했다. 게다가 앞으로 삼각형, 마름모, 럭비공 모양 등 다양한 형태의 수박을 개발 재배기술을 농가에 보급하고 수출길도 모색할 것이라 하니 이 이색적인 성공 또한 사람들의 호기심을 자극하기에 충분하다.

세계에서 가장 작은 전화기가 우리나라에서 처음으로 만들어졌다. YTC텔레콤이 개발한 핸즈프리 전화기 '마이폰'은 전화기에 대한 일반 상식에서 완전히 벗어난 세계에서 가장 작은 것이다. 마이폰은 출시와 동시에 국내외에 엄청난 반향을 불러

일으켰는데, 그것은 초소형, 핸즈프리, 깜찍한 디자인, 고감도, 저렴한 가격, 기존 전화기와 동시 사용 등 다양한 장점을 갖고 있기 때문이다.

이 또한 고정관념의 파괴로 가능했던 발명품이다. 명함보다 작은 마이폰은 벽, 책상 등 주변 공간에 부착할 수 있을 정도로 점유공간이 아주 적다. 마이폰에 부착된 고감도 이어폰을 이용, 수화기를 손으로 쥐지 않고 통화할 수 있다. 이는 통화로 인한 업무지연 등의 문제를 말끔하게 해결한 것으로 평가를 받고 있다.

또한 삼성전자는 휴대전화로 통화는 물론 사진을 찍을 수 있는 디지털 카메라폰을 세계 최초로 개발했는데 이것 역시 고정관념을 깬 결과로 비상시에 필름 없이 촬영이 가능하여 벌써부터 인기를 끌 것으로 기대되고 있다.

장갑은 손에 끼는 것, 화장품은 얼굴이나 손, 피부 등에 바르는 것으로 인식되어 왔지만 거꾸로 손에 바르는 장갑, 먹는 화장품이 나왔다.

어디 그뿐이랴. 썩지 않는 농산물이 나왔고, 썩은 성인치아를 재생할 수 있도록 새 충전물질도 개발되었다.

미국 텍사스 대학의 매리 맥도컬 박사는 환자의 DNA를 이용, 시험관에서 치아를 구성하는 모든 세포를 만들어 내는 데 성공했으며 이로써 썩은 치아의 재생도 가능할 것이라고 한다. 아무튼 상상 속에서나 가능한 일들, 아니면 생각조차 못했던 일들이 현실에서 일어나는 것을 보면 '고정'이라는 말부터 바꾸어야 할 판이다.

고
정
관
념

성경에 "보이는 것은 영원한 것이 없고 모두 변한다"고 했으니 우리의 관념이 바뀌면 발명에 절반은 성공한 셈이 될까?

유치원에 한 여교사가 있었다. 그녀는 왼손잡이 자녀를 둔 부모들이 고민하는 것을 보고 마음이 아팠다.

"왼손잡이는 답답하고 어색해 보여요. 선생님께서 제 아이를 좀 교정시켜 주세요."

유치원에서 흔히 겪는 일이다. 여교사는 왼손잡이 교정법을 집중적으로 연구했다. 그런데 교정과정에서 그녀는 한 가지 중요한 사실을 발견했다. 왼손잡이 어린이 중 상당수가 교정을 시도하면서 창의력이 현저하게 떨어졌다는 것이다. 여교사는 더 이상 왼손잡이의 교정에 몰두하지 않고 오히려 왼손잡이 예찬론을 펴기 시작했다.

"우리가 고쳐야 할 것은 왼손잡이가 아니다. 왼손잡이에 대한 사회적 편견을 고쳐야 한다. 창의력과 예술감각이 뛰어난 사람들은 대부분 왼손잡이였다. 빌 게이츠, 마하트마 간디, 빌 클린턴, 레오나르도 다빈치, 미켈란젤로, 라파엘로 등이 대표적 왼손잡이이다."

1800년대, 탄광의 광부들은 어두운 갱 속에서 석탄을 캐야 했다. 갱 속에 가스가 가득 차 있어서 불을 켜면 폭발하기 때문이었다. 그래서 광산업자들은 돈을 모아 당시 최고의 과학자인 영국의 데비에게 안전등의 발명을 부탁했다.

데비는 즉시 연구에 들어갔다. 그러나 '가스는 불을 만나면 폭발한다'는 고정관념이 연구의 진전을 방해하고 있었다.

때문에 데비의 연구는 1년이 지나도록 제자리걸음을 하고 있었다.

그러던 어느 날, 데비는 무심코 알코올 램프에 불을 켜고 그 위에 철망을 얹어보고는 불꽃이 철망을 통과하지 못하는 것을 발견했다. 순간 '등을 철망으로 싼다면…'하는 생각으로 기뻐했다. 그러나 불꽃은 통과하지 못해도 가스는 철망을 통과하여 폭발할 것이라는 고정관념이 그를 또 괴롭혔다. 며칠동안 고민하던 그는 직접 실험을 통해 안전등을 만드는 데 성공했다. 철망 속에 가스가 들어와도 불꽃이 철망을 통과하지 못해 폭발하지 않았던 것이다.

생각이 바뀌면 인생이 바뀌고, 고정관념이 바뀌면 성공은 눈앞으로 성큼 다가설 것이다.

모든 것을 사랑하라

사랑은 모든 것을 가능케 한다. 특히 발명가라면 모든 것을 사랑해야 할 것이다.

미국 필라델피아에 효심이 지극한 한 소년이 있었다. 소년의 가정은 매우 가난했다. 어머니는 매일 가방에 물건을 가득 담아 상점에 배달하는 일을 하고 있었다. 소년은 어머니의 힘겨워하는 모습을 보며 가슴아파 했다.

'어떻게 하면 어머니의 고생을 덜어드릴 수 있을까?'

어느 날 소년은 어머니를 생각하며 종이쪽지로 가방을 접었다. 그런데 뜻밖에도 밑바닥이 네모난 '종이 쇼핑백'이 만들어졌다. 편리하고 가벼운 종이 쇼핑백은 순식간에 전세계로 퍼져 나갔고, 소년의 가족은 큰 부자가 되었다. 그 때는 1887년이고 이 소년의 이름은 찰스 스틸웰이다. 그는 '종이 쇼핑백'의 발명가로 기록되어 있다.

150여 년 동안 '신지 않는 듯한 가벼운 느낌, 튼실함, 패션성'으로 세계인들의 사랑을 받고 있는 '발리 구두' 또한 아내를 사랑하는 남편의 정성에서 탄생된 발명품이다.

남자바지용 멜빵 등 탄성고무줄 공장을 운영하는 칼 프란

츠 발리는 멜빵고리를 구하기 위해 파리로 출장을 가게 되었
다. 유행의 도시로 출장가는 그에게 그의 아내는 구두를 사다
달라고 부탁했다. 그러나 아내의 발 크기를 재어 가지 않았던
발리는 12켤레나 사가지고 왔다.

"여보, 이 신발은 너무 커요."

크기가 잘 맞지 않는 구두에는 고무밴드를 달아 아내가 신
기 편하도록 만들어 주었다. 아내의 구두를 손질하면서 신기
편한 구두를 만들 수 있겠다는 생각을 갖게 된 발리는 1851년
스위스 쇠넨베르트 자택에 구두 공장을 차려 '발리 구두'를 만
들어 내기 시작했다. 발리가 만드는 일반구두는 120여 공정을
거치고, 고급품은 약 22 공정을 더 거쳐 생산되고 있다.

또 하나 발리가 자랑으로 내세우는 것은 지역별 인종별로
다양한 발 모양을 조사해 구두를 만들 때 반영하고 있으며, 현

재 공장에는 35만 개의 구두 모양들이 있다고 한다. 게다가 구두를 만드는 것으로 시작한 발리는 남녀가방, 의류, 패션소품 등을 생산하는 토털 브랜드로 자리잡는 대성공을 거두었다.

미국 뉴욕의 명물인 '자유의 여신상'을 조각한 사람은 프랑스의 조각가 바톨디이다. 그는 평화와 사랑의 상징인 여신상의 모델을 찾아나섰으나 흡족한 대상을 찾지 못했다. 바톨디는 조각을 시작조차 못한 채 허송세월을 보내고 있었다. 그러던 어느 날 문득 자신을 위해 평생을 희생으로 일관한 어머니의 얼굴을 떠올렸다.

"바로 이 표정이다. 어머니는 갓난아이를 고귀한 인격체로 조형하는 최고의 조각가이다. 어머니의 표정 속에는 거룩한 안식과 희생의 미소가 담겨 있다."

결국 바톨디는 어머니를 모델로 삼아 '자유의 여신상'을 만들었던 것이다.

위의 예에서처럼 어머니나 아내 그리고 민족을 사랑하는 마음이 발명품이나 훌륭한 예술품을 탄생시키는 데 성공했다면 반대로 역기능적인 격한 감정이 발명에 성공을 거두게 하는 경우도 수없이 많다. 감정과 사랑의 효과는 실로 엄청난 것이다.

창조적인 사고는 단순한 지적 활동이 아니기 때문에 철저하게 감정에 지배당한다고 할 수 있다.

패전을 모르는 명장들도 감정이 과거의 체험과 융합되어 승리로 이끄는 새로운 전략을 짜낼 수 있었다고 강조했다. 바꾸어 말하면 감정이 창조적인 일에 큰 역할을 한다는 것이다.

여러분!!

모든 것을

사랑하세요!!

사랑의 힘!!

발
명

미국의 모 박사는 양조회사의 요청에 따라 누룩곰팡이의 제조법을 연구했다. 그런데 종래의 양조방식인 모르트식 제조업자들이 크게 반발하였다. 제조업자들은 박사에게 누룩곰팡이의 제조법을 당장 그만두지 않으면 생명이 위험할 것이라고 협박도 했다. 그런데도 말을 듣지 않자 제조업자들은 박사의 연구실에 불을 질렀다. 그리고는 박사가 자기의 연구에 실패하여 불을 질렀다고 헛소문까지 퍼뜨렸다. 박사는 너무나 억울하고 분하여 감정을 누를 길이 없었다.

"이럴 수가… 어디 두고 보자!"

그 격렬한 감정이 마침내 '타카디아스타제'를 발명할 수 있는 원동력이 되었다. 분하고 원통한 감정이 오히려 뒤로 물러설 수 없다는 오기를 발동하게 하였던 것이다. 만일 제조업자들의 박해가 없었다면 이 발명의 완성은 이보다 얼마쯤 늦어졌을지 모를 일이었다.

현재 전세계의 많은 사람들이 사용하고 있는 펜촉은 46살까지 보험회사의 말단 영업사원으로 근무하던 루이스 워터맨이 1883년에 개발한 발명품이다.

미국 뉴욕의 한 빈민촌에서 살고 있던 워터맨은 보험계약 실적이 부진하여 좀처럼 가난에서 벗어날 수가 없었다. 그런데 어느 날, 모처럼 고객과의 계약이 한 건 이루어져 서명하려던 순간 잉크 한 방울이 뚝 떨어져 계약서를 망쳐버렸다.

"아니, 이건 불길한 징조로군!"

계약자는 다된 계약을 그만 취소해 버렸다. 당시의 펜촉 모양은 구멍이 없어 잉크가 잘 떨어지곤 했던 것이다.

"이럴 수가… 으흐흑!"

분통이 터진 워터맨은 당장 회사를 그만두고 잉크가 잘 떨어지지 않는 펜촉을 만들기로 결심했다. 그리고는 수많은 펜촉을 사다가 가위와 줄을 이용하여 밤낮으로 새로운 모양의 펜촉을 만들어 보았다.

'내 기어코 새 펜촉을 만들고 말겠어!'

그러나 이것은 생각처럼 쉬운 일은 아니었고, 버린 펜촉도 1천 개가 넘었다.

드디어 워터맨은 펜촉 가운데 작은 구멍을 뚫고, 그 아래 부분을 예리하게 갈라 새로운 펜촉을 발명하는 데 성공하였다. 그는 이 성공으로 부자가 되어 행복한 여생을 보냈는데, 당시 대통령의 이름을 모르는 사람은 있었어도 워터맨의 이름을 모르는 사람은 없을 정도로 유명세를 누렸다고 한다.

하지만 격렬한 감정은 어디까지나 기필코 해내고 말겠다는 열정이어야 한다. 이것은 자칫 잘못하면 충동적인 행동이 될 수 있고, 그런 경우 모든 일을 망쳐버릴 수 있기 때문이다. 그러나 여기에도 반론이 있을 수 있다. 그래서 다음과 같이 주장한 사람도 있다.

'인간은 감정의 동물이라서 위압하거나 협박해서 아이디어를 낼 수는 없다. 아이디어는 가장 자유롭고 편안할 때만 낼 수 있기 때문이다.'

어쨌든 사랑이든 격정이든 감정은 발명의 씨앗이 되는 예가 많다. 어떤 가정주부는 아들이 도시락의 젓가락을 자주 잃어 버리는 문제를 해결하기 위해서 도시락에 젓가락을 끼워 넣는 공간을 추가하여 발명으로 성공했다고 한다.

따지고 보면 제너가 종두법을 발명한 것이나 파스퇴르가 광견병의 예방접종을 발명한 것도 모두 사랑과 인류애에서 비롯된 것이다.

유명한 미술가 루오의 작품 중에는 "향나무는 자기를 찍는 도끼날에도 향기를 묻힌다"는 제목의 판화가 있다. 도끼도 사랑하는 향나무처럼 감정을 효과적으로 승화하는 지혜야말로 발명뿐만 아니라 우리 인간이 세상을 살아가는 데 있어 필수적인 것이 아닐까?

목표를 분명히 하라

아프리카의 칼라하리 사막에는 스프링벅이라는 사슴이 서식하고 있다. 이 동물은 푸른 초원에서 한가롭게 풀을 뜯다가 선두의 사슴 한 마리가 달리기 시작하면 모두 초원을 질주한다.

뒤에서 뛰는 사슴들은 왜 뛰는지도 모른 채 맹목적으로 속도를 내는데, 그러다가 갑자기 절벽이 나타나면 앞에서 달리는 스프링벅은 속도를 줄이지 못한다. 뒤에서 질주해오는 동물들에 밀려 계속 앞으로 달릴 수밖에 없는 것이다.

결국 스프링벅은 모두 절벽에서 떨어져 죽게 된다. 목표가 분명치 못한 사람의 경우가 바로 이와 같다.

"무엇을 할 것인가를 결정하라."

이것은 실로 중요한 일이 아닐 수 없다. 달리기 선수에게는 도착 지점이 명시되어 있어야 하고, 산을 오르는 사람은 산의 정상을 정확히 알고 있어야 한다.

눈이 많이 내린 날, 한 학교 운동장으로 학생들이 모였다. 학생들은 눈 위에서 게임을 하였는데 누가 하얀 눈 위에 발자국을 일직선으로 나란히 만들 수 있느냐는 게임이었다.

　　선수로 뽑힌 학생들은 나름대로 궁리를 했다. 첫 번째 학생은 발자국은 발이 만드는 것이라 생각하여 발등만 내려다보고 걸었다. 결과는 비뚤어졌다.

　　두 번째 학생은 발도 내려다보지 않고 눈을 감고 앞으로 걸어갔다. 역시 방향을 제대로 못 잡고 엉망이 되었다. 세 번째 학생 차례가 되었다. 그는 자세를 똑바로 하고 시선을 정면에 있는 소나무에 고정시킨 채 그대로 걸었다. 발자국은 나란히 곧게 뻗었다. 목표가 뚜렷해야 성공할 확률이 높다.

　　마하트마 간디가 대영제국과 대결하여 승리한 비결이 무엇이었을까? 막대한 돈, 막강한 무기, 철저한 군사조직을 가진 영국 정부를 간디가 이긴 것은 반드시 이겨야 한다는 목표를 분명히 설정했기 때문이었다. 그는 대영제국이 물러간 후에 이

렇게 말했다.

"목표의 힘은 군사력보다 강한 것입니다. 조직적인 정신력은 군사력보다 위대한 것입니다."

나폴레옹도 마찬가지였다. 그는 늘 이렇게 당당하게 말했었다.

"전쟁의 승리는 우리가 이미 장악하였다. 치밀한 목표달성 계획은 텐트 안에서 이미 완성되었기 때문이다. 우리는 텐트 안에서 이미 승리를 맛보았다. 나는 오직 목표만을 바라볼 뿐이다."

미국 대륙의 철도를 건설하는 대공사가 진행되고 있었다. 감독관 헨리 카이저는 아주 유쾌하게 공사를 진행시키는 능력을 갖고 있었다. 인부들은 거대한 산을 뚫어 터널을 만드는 공사를 하고 있었는데 폭우로 산사태가 일어났다. 그 바람에 건축 장비가 모두 진흙 속에 묻히고 말았다. 폭우가 걷히고 햇빛이 비칠 때 인부들은 비통한 분위기에 잠겨 말했다.

"카이저, 우리는 이제 완전한 절망이다. 저 거대한 진흙더미가 보이지 않는가?"

그러자 카이저는 인부들을 둘러보며 밝은 표정으로 말했다.

"내 눈에는 그것이 보이지 않네, 단지 푸른 하늘과 밝은 태양이 보이고 저 진흙더미를 뚫고 힘차게 달리는 기차가 보일 뿐일세."

그의 말에 힘을 얻은 인부들은 용기를 내서 공사를 완성했다.

이처럼 목표가 확실하면 원하는 바를 성공적으로 이룰 수 있다. 특히 발명가는 자신의 발명 목표를 확실하게 정해 두어야 하는 것이다.

오늘은 식탁 개량에 흥미를 갖고 내일은 식기에 달린 손잡이를 생각하고, 또 다음에는 아기의 우유병이나 모기장 등을 연구하는 식으로 목표를 바꾸면 발명은 성공할 수 없다. 처음에 식탁을 연구하기로 했으면 내일도 모레도 식탁에 관심을 기울여야 하는 것이다.

한 추장이 나이가 들어 추장직을 세 아들 중 하나에게 물려주기로 하였다. 추장은 아들들을 시험하기 위해 사냥에 나섰다. 그 때 커다란 나무 위에 독수리 한 마리가 앉아 있었다. 추장은 세 아들에게 각각 물었다.

"저 앞에 무엇이 보이느냐?"

장남이 대답했다.

"하늘과 나무가 보입니다."

차남이 대답했다.

"나무와 나뭇가지와 독수리가 보입니다."

추장은 실망하고 말았다. 마지막으로 막내에게 물었다.

"아들아, 너는 무엇이 보이느냐?"

막내가 힘차게 대답했다.

"독수리의 두 날개가 보입니다. 그리고 양 날개의 중앙에 가슴이 보여요."

추장은 큰 소리로 외쳤다.

"그 곳을 향해 화살을 당겨라!"

막내는 화살을 당겨 독수리를 명중시켰다. 추장직은 당연히 막내의 몫으로 돌아갔다.

목표를 분명히 바라보는 사람만이 성공할 수 있다.
게다가 발명은 마라톤과 같아서 장거리 경기이다. 그래서 승리를 얻기 위해서는 인내심과 장기적인 안목을 필요로 한다. 또한 무엇보다도 신중히 선택된 목표가 필요한 것이다. 결승점이 명확하지 않다면 과연 누가 그렇게 힘들고 고된 경기를 하려 들겠는가?
'나는 무엇에 관심을 갖고 있는가?'
'나에게 이익이 될 목표는 무엇인가?'
'내가 제일 잘 할 수 있는 부분은 어느 것일까?'
자신에게 신중히 물은 뒤 목표를 결정하고, 되도록 자신의 직업 안에서 목표를 잡으려고 노력하는 것이 좋다. 그러면 목표를 잘못 잡는 실수는 피할 수 있을 것이다. 게다가 직장에서 발명의 목표를 정하면 발명과 직장 생활을 동시에 효율적으로 만족시킬 수 있어 일석이조이다.
실제로 많은 발명가들이 자신의 직업이나 처해 있는 환경 속에서 성공을 거두었다.

요즘은 의학이 얼마나 발달했는지 수술을 하지 않고도 인체의 내부를 속속들이 들여다볼 뿐만 아니라 인체 내의 아주 미세한 부분까지 밖에서 수술이 가능하다. 이름하여 내시경수술이 그것인데, 현대 의학의 수준을 한 단계 높인 공로자 내시경도 환자들을 진찰하던 의사가 만든 위대한 발명품이다.
1869년 독일의 크스마울은 금속제 막대기 모양의 내시경을

발
명

만들었으나, 그것은 실제로는 잘 쓰이지 않았다. 그 꼬챙이를 뱃속에 집어넣으면 환자들이 너무 고통스러워했기 때문이다.

"사람의 배를 가르지 않고도 위장 안을 들여다볼 수 있다니! 몇 가지 결점만 보완하면 정말 멋진 의료기구가 되겠어!"

미국의 허쇼위츠는 그 가늘고 길다란 쇠막대를 보며 목표를 정했다. 물론 처음부터 문제가 해결된 것은 아니었다.

"정녕 내 목적을 이룰 수 없단 말인가?"

오랜 연구 끝에 제대로 돌보지 않아 멋대로 자란 그의 머리칼에서 힌트를 얻은 그는 마침내 유리섬유를 사용하여 1958년, 파이버스코프라 불리는 내시경을 완성했던 것이다. 이것이 바로 지금 널리 쓰이는 내시경의 형태이다.

생선장수에서 발명가가 된 일본의 아라이의 경우도 마찬가지의 예이다. 아라이는 가난한 가정에서 태어나 초등학교를 마치기가 무섭게 생활전선에 뛰어들었다. 그러나 나이 어린 아라이가 겨우 얻은 일자리는 생선가게였다. 그가 하는 일은 얼음창고에 생선을 나르는 것이었다. 무더운 여름에도 얼음창고에서는 두꺼운 방한복을 입고 장화를 신은 채 장시간 일해야 했다.

그러다보니 얼음 위를 걸을 때 장화 안팎의 온도 차이가 나서 장화 안에 습기가 생겼다. 그 습기로 인해 장화 안은 찌근덕거리다가 심한 불쾌감과 함께 악취까지 났고, 결국 아라이는 무좀에 걸렸다. 무좀은 점점 심해져 갔다.

'안 되겠어. 장화 속에 습기가 생기지 않도록 해야겠는데 방법이 없을까?'

목표를 세우고 끙끙거리며 머리를 쥐어짜던 어느 날, 아라이는 우연히 생선가게 주인이 신고 있는 그물망 가죽구두를 보게 되었다. 그러다가 통풍이 잘 되는 그물망 가죽구두에서 힌트를 얻어 장화에 작은 구멍을 뚫었다. 통풍이 되자 습기가 감쪽같이 사라졌다. 아라이는 곧 특허청으로 달려갔다.

원래 남의 떡이 커 보이는 법이지만 자기의 주변에서 자신에 맞는 목표를 정하고 발명에 임한다면 그만큼 성공의 확률도 높아질 것이다.

끈질기게 노력하라

미국의 제20대 대통령 가필드는 평소 '10분의 투자'를 강조했다. 대학시절 가필드의 기숙사 친구 중 수학의 천재로 불린 학생이 있었다. 가필드가 아무리 열심히 노력해도 친구의 수학성적을 앞지를 수가 없었다.

어느 날 밤, 가필드는 평소처럼 공부를 마치고 잠자리에 들었다. 그런데 그 친구의 방에는 여전히 불이 켜져 있었다. 그 불은 정확히 10분 후에 꺼졌다. 그 때 가필드는 중요한 사실 하나를 깨달았다.

'저 친구가 나보다 성적이 우수한 것은 바로 10분의 노력이 있었기 때문이구나.'

이튿날부터 가필드는 친구의 방에서 불이 꺼지고 나면 10분 동안 더 공부했다. 그리고 6개월 후 가필드는 수학에서 1등을 차지했다. 가필드는 후에 이렇게 말했다고 한다.

"모든 성공한 사람들은 남들보다 10분을 더 노력한 사람이다."

성공의 필수조건은 학력이나 좋은 환경보다는 노력에 있음을 강조하는 예라고 할 수 있다.

　　이 사람은 정말 가난한 스코틀랜드인 가정에서 태어났다. 한때는 고집이 세고 논쟁을 일삼는 문제아로 불리었다. 그는 열두 살 때 부모를 따라 미국으로 이민해 와 일주일에 1달러 20센트를 받는 직물공장에 취직했다. 열네 살 때는 주급 2달러를 받기 위해 석탄가루를 뒤집어쓰고 증기기관차의 화부로 일했다.

　　그는 우편배달부가 된 뒤부터 노동자 도서관에서 경영과 기술을 공부했다. 그리고 보조 전신사를 거쳐 철도회사에 근무했다. 그는 친구와 함께 철강회사를 설립했고, 이 기업은 일약 세계적인 회사로 도약했다.

　　이 사람의 이름은 앤드루 카네기이며 국제평화기금과 카네기 재단을 설립한 세계적인 대부호이다. 그를 '철강왕' 아닌

‘고집센 무식쟁이’로 기억하는 사람은 아무도 없다.

그는 책을 통한 끈질긴 노력으로 학교에서 배우지 못한 정보와 지혜를 얻어 성공을 거둔 것이다.

열악한 환경, 낮은 학력으로 성공한 예는 얼마든지 있다. 에디슨, 와트, 패러디, 마쓰시타 등이 그 중의 한 사람들이다.

그들은 모두 초등학교를 중퇴했으나 에디슨은 세계적인 발명왕이 되었고, 와트는 산업혁명의 계기가 된 증기기관을 발명했고, 패러디는 전화시대를 크게 앞당긴 전자유도현상을 발견했으면, 마쓰시타는 세계적 기업인 마쓰시타 그룹을 이루어냈다.

이들은 모자라는 학력과 전문지식을 스스로 터득했던 것이다. 에디슨은 수학자 앱톤과 기술자 오토, 그리고 변리사 롤리 등을 고용하여 부족한 지식을 해결했고, 패러디는 데이비 박사의 조수를 자청하여 전문지식을 익혔다. 또 마쓰시타와 와트는 독학으로 전문지식을 깨우쳤다.

끈질긴 노력으로 한 가지 분야에 전문가가 되면 성공은 눈앞으로 다가설 것이다.

영국의 어느 잡지사에서 근무하는 평범한 기자가 있었다. 그는 한 가지 일에 몰두하는 성격이 아니었다. 어느 날 그 기자는 대부호인 브레이크를 취재하게 되었다. 브레이크는 신발의 바닥을 정으로 쪼아서 보호하는 아이디어로 일약 백만장자가 된 사람이었다. 기자가 대부호에게 물었다.

“당신은 어떻게 대부호가 될 수 있었습니까?”

그러자 브레이크가 대답했다.

"나는 항상 돈벌이하는 것만 생각했소. 그것이 내 인생의 전부였다오."

기자는 큰 깨우침을 얻었다.

'나도 이제부터 신문이나 잡지를 만드는 일에 인생의 모두를 걸자.'

그는 오직 신문사업에 몰두하였다. 결국 파산 직전의 신문사를 살려냈고, 영국 최고의 신문을 창간해 '신문왕'으로 불렸다. 그의 이름은 노스클리프이고, 영국의 「데일리 매일」을 창간한 사람이다. 제1차 세계대전 때 독일의 황제 카이젤은 이렇게 말했다.

"나는 연합군에게 진 것이 아니다. 노스클리프의 신문에 졌다."

성공을 원한다면 끈질기게 노력하라. 역사적으로 위대한 발명가들의 공통적인 특성은 바로 끈질긴 노력에 있었다. 그들은 연구가 쉽게 이루어지지 않아도 결코 실망하거나 포기하지 않았다. 오히려 실패를 달게 받아들이고, 성공의 기회가 올 때까지 끈질기게 기다렸다.

가정용 파마용구의 발명자로 유명한 미국의 하리스도 이런 사람 중 하나이다.

그는 나이 40이 넘도록 변변한 사업도 못하고 미용품점을 꾸려 가며 겨우 생계를 이어가고 있었다. 그러나 그는 그런 상황 속에서도 결코 자신감을 잃지 않았다.

'아직은 나에게 기회가 오지 않았다. 그러나 언젠가는 내게도 성공의 기회가 반드시 찾아올 거야.'

그는 스스로를 위로하며 화장품에 대한 연구를 쌓아 나갔다. 그러던 어느 날, 하리스는 거래를 위해 미장원에 들렀다가 성공의 기회를 포착했다.

'저런, 파마를 저렇게 힘들게 해서야…, 쯔쯔.'

하리스는 파마하는 광경을 보며 몹시 놀랐다. 당시의 파마 기술은 오랜 시간을 요구했고, 과정 또한 복잡해서 요금도 비쌌다. 하리스는 이 점에 착안하여 가정용 파마용구를 만들 것을 결심했다.

'아무리 예뻐지는 것을 바라는 게 여자라지만 저런 어려움을 모두 참기는 힘들겠지? 싼 값으로 편하게 집에서 파마할 수 있다면 좋을 거야.'

그는 우선 많은 책을 통해 관련된 지식을 습득했다. 그리고는 여러 사람을 찾아다니며 의견을 물어 웨이브액과 중화제, 권모기와 고무띠 등을 완성했다. 이렇게 탄생된 파마용구는 '토니'라는 이름으로 시판되었다.

하리스는 여기서 그치지 않고 이 상품을 선전하는 데 있어서도 기막힌 아이디어를 사용했다. 그는 아름다운 일란성 쌍둥이 몇 쌍을 선발하여 한편은 미용실에서 제대로 파마를 하게 하고, 다른 한편은 토니를 이용하여 집에서 스스로 파마를 하도록 했다. 그리고는 사람들로 하여금 집에서 파마한 쪽을 가려내도록 한 것이다. 이 광고로 토니는 대대적인 선풍을 일으키며 전세계로 팔려나가게 되었다.

전화기를 발명한 벨은 농아학교 교사였으나 전기통신에 흥미를 가져 전화기 실험을 시작했다.

느린 거북이한테
지다니…
아이구!! 창피해라~
잠이 웬수다!!
아무리 느린 거북이라
할지라도 꾸준하게
노력하면 토끼를
이길 수 있다고요!!
헛둘!! 헛둘!!
결 승 점

안전 면도기를 발명한 '질레트' 또한 병뚜껑 상인이었으나 '수염은 깎이지만 피부는 베지 않는 안전 면도'를 생각하고 자기의 일과는 무관한 분야에 뛰어들어 도전을 시작했다.

샌드위치를 발명한 사람은 백작이었으나 간편한 식사를 찾아내기까지 노력을 아끼지 않았다.

이처럼 자기의 일과는 무관한 분야에 도전하여 모자라는 학력과 지식을 스스로 극복할 수 있었던 것은 끈질긴 노력에서 비롯되었다. 이런 경우는 우리나라에서도 얼마든지 그 예를 찾아낼 수 있다. 자동차의 전조등을 발명한 사람은 「저 강은 알고 있다」의 영화감독이었으며, 세계 최초로 인형을 발명한 사람도 비즈니스맨이었다. 아이디텐트를 발명한 건축사, 아크릴 무늬전사방법을 발명한 육군 장교도 있다.

현대 의학은 그간 숱한 발명가들의 연구에 의해 불치의 병들을 하나하나 정복해 왔다. 매독은 1910년까지만 해도 불치의 병 중 하나였다. 요즘의 에이즈만큼이나 무서웠던 병으로 그 발병원인이나 결과도 거의 비슷했다. 이 무서운 병의 치료제를 발명한 사람은 폴 에를리히이다. '살바르산'으로 불리는 이 기적의 약품은 에를리히가 606번째의 실험에 성공하여 얻은 것이라 하여 '606호'라고 불리기도 한다.

이 기적의 약품을 만들어 내기까지 에를리히가 계속한 실험과 연구의 결과로 그는 결핵에 걸려서 1년간 휴양을 해야 할만큼 심혈을 기울였다. 하지만 그의 그런 노력이 있었기 때문에 결국 불치의 병도 정복할 수 있었던 것이다.

　특히 발명의 성공은 도전과 노력의 산물이요, 열매라 할
수 있으므로 자기의 전공 혹은 자기의 분야가 아니라고 미리부
터 포기하는 것도 금물이다.
　지식이나 학력, 혹은 환경이 좋다면 남들보다 우월한 위치
에서 출발할 수 있을지는 몰라도 그것이 곧 결승점까지 순탄하
게 이어진다는 것은 보장할 수 없다. 오직 끈질기게 노력하는
사람만이 성공을 거둘 것이다.

제2부 발명가의 실천

발명이 세상을 바꾼다 발명이 세상을 바꾼다 발명이 세상을 바꾼다 발명이 세상을 바꾼다

관찰하고 또 관찰하라

자연은 인간의 스승이다. 자연은 시시각각 온갖 움직임을 통해 우리에게 많은 말을 하며 가르침을 주고 있지만 아쉽게도 우리는 그것을 쉽게 알아듣지 못한다. 그저 조심스럽게 관찰하는 속에서 자연의 지혜를 조금 배울 뿐이다.

뉴턴은 사과가 나무에서 떨어지는 것을 보고 만유인력의 법칙을 발견했다고 한다. 참으로 놀라운 일이다. 아주 당연스러운 현상을 통해서 어떻게 그런 위대한 법칙을 발견한 것일까? 다른 사람들은 모두 그냥 스쳐 지나가는 일에 불과했던 현상인데….

그것은 아마 뉴턴이 남다른 관찰력을 지녔기 때문에 가능했던 일이 아니었을까?

"왜 이렇게 될까?"

"이렇게 하면 어떨까?"

수많은 사람들이 계속해서 이런 물음들을 되풀이해 왔다. 작은 것에도 흥미를 가지고, 관찰하고, 추리하면서….

이것이 바로 인간의 역사에 수없이 등장했던 과학자들이 한 일이었다. 그들의 관찰력과 발견이 있었기에 오늘날의 위대한 발명품들이 탄생할 수 있었던 것이다. 발명은 선대의 과학

자들이 남긴 업적을 정리하고 응용하여 실용화하는 과정이라고도 할 수 있다. 발명은 곧 또 다른 관찰에 의해 새로운 발명을 낳게 하는 순환의 연속인 것이다.

미국 워싱턴의 국회의사당에서 펜실베이니아로 향하는 중앙보도에 층계가 놓여 있다. 그런데 이 층계에서 넘어지는 사람이 유난히 많았다. 이 층계는 옴스테드라는 유명한 건축가가 설계한 것이었다. 그의 실력과 성실성은 건축계에 널리 알려져 있었다.

한번은 층계에서 넘어져 부상을 당한 시민이 옴스테드에게 강력히 항의했다. 그러자 옴스테드는 잔잔한 미소를 지으며 이렇게 해명했다.

"저 층계를 설계하고 건축하는 데 매우 많은 시간이 걸렸습니다. 저는 집에다 층계를 만들어놓고 계속 오르내렸습니다.
완전함을 느꼈을 때 비로소 그 모형으로 층계를 만들었답니다.
하자가 있을 수 없어요. 좀 조심하시지 그러셨어요.”

이 때 예리하게 옴스테드를 관찰했던 부상자가 말했다.

“옴스테드 씨, 당신의 한쪽 다리가 유난히 짧군요.”

옴스테드는 깜짝 놀랐다. 부상자의 지적은 사실이었다. 그
는 자신의 보폭과 보행을 기준으로 층계를 만든 것이다.

이처럼 아무리 완벽해 보이는 물건이라도 인간의 능력은
한계가 있어 불완전한 구석이 있을 수 있다. 그것을 찾아낸다
면 또 다른 발명을 할 수 있는 것이다.

종이가 발명되기 전에도 문자를 기록하는 수단은 있었다.
양피가죽, 대나무, 얇은 널빤지, 파피루스 등에 글을 적는 방
법이었다. 그러나 이런 것들은 모두 구하기 힘들거나 어려운
단점들을 지니고 있었다. 이 때문에 많은 사람들이 새로운 ‘쓸
것’을 고대하게 되었다. 중국의 학자인 채륜 또한 그런 사람들
중의 하나였다.

‘좀더 가볍고 글쓰기에 좋은 것은 없을까?’

채륜은 어느 날 대궐의 후원을 거닐며 깊은 생각에 잠겨
있었다. 그런데 그 때, 어디선가 벌의 날갯짓 소리가 들려와
그의 사색을 방해했다.

“오호라, 너희들이 집을 짓느라 그렇게 요란한 게로구나.”

그는 호박벌이 집을 짓는 광경을 유심히 관찰하며 생각에
잠기었다.

‘입에서 액체를 내어 나무껍질을 반죽하는군…. 얇고 흰색

이어서 글씨를 써도 좋겠는걸.'

그는 호박벌이 집을 짓는 광경을 보고 힌트를 얻어 종이를 발명하기에 이르렀다.

벨이 전화기를 발명하기 얼마 전, 이미 필립 라이스라는 사람이 먼저 전화기 발명에 성공했었다. 그는 소리를 전류로 바꾸는 장치를 성공시킨 데 힘입어 반대로 전류의 변화를 소리로 바꾸는 장치를 만들었다. 바이올린 위의 바늘에 전선을 감아 만든 전자석을 붙이고 전류가 들어오면 그 세기에 따라 전자석이 진동하여 바늘이 바이올린에 소리를 전달하도록 한 것이다.

그러나 그의 발명품은 인정을 받지 못했다.

그로부터 2년 뒤, 벨은 음성생리학을 가르치면서 전기통신에 흥미를 가져 전화기 실험을 시작했다. 연구의 어려움으로 자신을 잃고 포기하려 한 적도 여러 번 있었다.

그러던 어느 날, 벨은 우연히 눈앞의 진동판이 소리를 내며 진동하는 것을 관찰할 수 있었다. 깜짝 놀란 벨은 진동판이 연결된 옆방의 윗슨에게 뛰어갔다.

"자네, 지금 뭘 했지?"

"왜 그러시지요?"

"수화기가 갑자기 소리를 내며 진동했다네."

"저는 단지 진동판이 전자석에 붙어 안 떨어져서 손가락으로 진동판을 두들겼을 뿐인데요."

벨은 이 일로 인해 진동판과 전자석의 연결에 따라 소리를 전류로 바꾸어 전할 수 있다는 생각을 했고, 마침내 전화기를

발 명

만드는 데 성공했다.

　페니실린의 발견은 인류의 역사에서 빼놓을 수 없는 위대한 발견으로 기록되어 있다. 항생물질의 하나인 이 페니실린은 영국의 세균학자 플레밍에 의하여 탄생된 것으로 이 또한 관찰에 의해 이루어진 걸작품이다.

　1928년 런던의 한 연구실에서 당시의 어린이들에게 흔하던 부스럼의 원인인 포도모양의 병균을 연구하던 플레밍은 실험용 접시 위에 이상한 현상이 나타난 것을 관찰했다. 젤라틴이 깔린 유리접시들 가운데 유독 한 개의 젤라틴 위에 푸른곰팡이가 생긴 것이다. 플레밍은 실험이 잘못되었다고 판단하고 곰팡이가 핀 접시를 들어내다 더욱 기이한 현상을 발견했다. 접시 위에 잔뜩 퍼져 있던 세균이 온데간데없이 사라진 것이다. 플레밍은 의아했다.

　'도대체 무엇이 이 세균을 사라지게 했을까?'

　생각 끝에 플레밍은 접시 위에 생긴 푸른곰팡이를 조사해 보기로 했다. 플레밍은 곧 자신의 실수가 그런 현상을 빚어낸 것임을 깨달았다. 그는 한 접시에서 배양된 세균을 현미경으로 관찰한 뒤 그만 깜빡 잊고 접시의 뚜껑을 열어놓은 채 연구실에서 나왔었다. 그런데 우연하게도 그 잠깐 사이에 곰팡이의 포자가 날아와 붙었던 것이다.

　이 우연한 실수와, 푸른곰팡이에 대한 관찰이 페니실린을 만들어내게 하였다.

　1895년 여름, 세일즈맨인 질레드가 보스턴에 출장을 갔을 때의 일이다. 피곤해서 잠이 들었던 그는 이튿날 아침 늦잠을 자고 말았다. 그래도 직업상 말쑥하게 차려야 하므로 수염을 깎기 시작했는데 하녀가 재촉을 했다.

"손님, 기차 시간이 얼마 남지 않았어요."

시간에 쫓겨 허둥대던 그는 얼굴을 몇 군데 베고 말았다.

"앗, 따가워!"

집에 돌아간 질레트는 '수염은 깎이지만 피부는 베이지 않는 안전 면도기'를 생각하기 시작했다. 그러던 어느 날, 그는 이발소에 갔다가 거울 속에서 가위를 빗에 눌러 대고 머리털을 자르는 광경을 유심히 관찰하다가 힌트를 얻어 안전면도기를 발명하게 되었다.

발명은 관찰에서부터 시작된다.

기록하고 또 기록하라

복잡한 세상을 살면서 반드시 해야 할 일 두 가지가 있다면 기억해야 할 것은 꼭 기억하고, 잊어버려야 할 것은 속히 잊어버리는 것이다.

그런데 우리 인간은 참으로 묘한 존재여서 잊어야 할 것은 잘도 기억하고, 꼭 기억해야 할 것은 곧잘 잊어버리는 못된 습성이 있다.

친구들과 싸운다거나 부모님께 꾸중을 들어서 상처를 받은 기억, 열등의식, 좌절감, 패배의식 등은 속히 잊어야 할 것들임에도 오래도록 가슴 속에 남아 있는 것을 볼 수 있다. 특히 비교의식은 질투와 시기심을 유발시키며 열등감에 빠지게 한다. 발명을 하면서도 비교의식을 자극하면 정신 건강에도 나쁜 영향을 주게 된다. 이러한 비교의식으로 인해 야기되는 갖가지 정서적 긴장상태를 스트레스라고 한다. 스트레스라는 말은 캐나다의 한스 셸리에가 처음으로 명명하였지만 인체에 가해지는 유해한 자극을 한의학의 고전에서도 사기(邪氣)라고 하여 스트레스를 기병(氣病)으로 정의하고 있다. 특히 자기 마음속에서 스스로 만들어지는 심리적 스트레스가 건강에 가장 나쁜 영향을 주는 것으로 알려지고 있는데 스트레스의 최고 처방은 망각이라고 한다. 발명을 하다가 스트레스를 받았을 때는 정신을 다른 곳에 집중하여 잊는 것이 최상책이다.

　그런데 순간순간 떠오르는 아이디어나 지식을 보존하고자 하는 사람들에게는 망각이 그야말로 독소와 같은 것이다. 출근 길의 자동차 안에서나 혹은 등교길의 시내버스, 전철 안에서 아주 기발한 생각을 떠올렸으나 목적지에 도착하면 도무지 떠 올릴 수 없는 경우가 그 한 예이다. 불과 몇 분 사이에 이미 그 아이디어들은 망각의 강을 건너버린 것이다.
　망각의 예방책은 무엇일까. 별다른 방법은 없다. 그저 아 이디어가 떠오를 때마다 그때그때 기록하는 수밖에 없다. 글로 쓰든 그림으로 그리든 혹은 기호로 표시하든 관계없으나 아무 튼 기록을 하는 방법이다.

　　실제로 역사적으로 유명한 발명가나 정치가 혹은 음악가 등이 모두 기록에 뛰어난 사람이었다고 한다. 링컨은 모자 속에 종이와 연필을 넣어두고 언제든지 꺼내어 기록할 수 있게 했고, 이 메모를 통해 자신의 정치관을 완성해 나갔다.

　　슈베르트는 손닿은 곳이면 어디든지 악보를 그려 넣었다고 한다. 일상에서 어느 때는 식당의 식단표가 악보가 되기도 하였고, 심지어는 잠시 서 있는 마차의 뒤쪽에까지 악보를 그려 넣었다고 한다. 그 덕분에 슈베르트는 일생을 통하여 끊임없이 주옥 같은 음악들을 작곡할 수 있었다.

　　파스칼의 천재성은 데카르트로 하여금 질투를 느끼게 할 정도였다고 한다. 파스칼은 선천적으로 허약한 몸과 과도한 연구로 건강을 잃었다. 그는 종종 심한 복통과 두통을 호소했다. 파스칼은 복막염 환자였던 것이다. 파스칼의 39년 인생 중 건강을 유지한 것은 고작 2년에 불과했다. 그럼에도 불구하고 그는 세계적인 과학자요 수학자요 사상가로 기록되고 있다. 그는 절망적인 상황에서도 낙담하지 않았다.

　　"내가 찾고 구하는 것은 하나님뿐입니다. 육체의 병이 영혼의 약이 되었어요. 내가 아는 지식은 단 하나, 당신을 따르는 것은 선이요, 당신을 거역하는 것은 악입니다."

　　파스칼은 건강이 극도로 악화된 상태에서 착상이 떠오르면 메모를 해두었다. 그는 5년간 924개의 주옥 같은 단상을 남기게 되었는데 이것이 바로 그 유명한 '팡세'이다.

　　아이디어는 우리 주변에서 항상 시간과 장소에 구애 없이 발생하므로 즉시 메모하는 습관을 길러야 할 것이다. 생활을 하면서 혹은 현장에서 일을 하면서도 어떤 것을 골몰히 생각하거나 연구하다가 아이디어가 반짝이면 그것부터 붙잡아서 기록해야 한다. 그 기록이 바로 개인 발명가나, 학생, 주부 그리고 기업의 직무발명 등의 아이디어 연구실이 되는 것이다.

일본 '나가모리 전기회사'의 연구실, 각종 드라이버를 생산하고 판매하는 이 회사는 연구팀이라야 고작 3,4명 전부였다. 그것도 말이 연구원이지 실제로는 다른 업무를 겸하고 있었다. 그런데 날로 매출이 줄어들자 이들은 새로운 상품의 연구에 골몰하게 되었다.

우선 시장조사부터 하기로 했다. 그 결과 놀라운 사실이 발견되었다.

당시의 드라이버 용도는 기계 겉부분에 나사못을 빼거나 박는 것이 고작이었다. 그러나 실제로 필요한 드라이버는 기계의 구석지고 어두운 곳에서 나사못을 빼거나 박는 것이었다. 시장조사의 결과가 드러나자 연구팀의 과제는 확실하게 정해졌다.

"무슨 좋은 방법이 없을까요?"

연구팀은 본격적으로 개발에 나섰다. 그러나 쉽사리 찾을 성 싶었던 기발한 아이디어는 생각처럼 쉽게 떠오르지 않았다.

"그럴 것이 아니라 직접 현장에 나가 보는 것이 어떻겠어요?"

"그것 좋은 생각이오."

그들은 또다시 현장을 찾아 나섰다. 현장 기술자들이 어떤

여러분도
아이디어를
기록해 보세요!!
발 명
아이디어

방법으로 작업을 하고 있는가를 확인해 보기 위해서였다. 이들
은 조사하고 확인한 결과를 모두 기록으로 남겼다.

그 중 한 가지 사례를 살펴보았다. 어느 현장의 사례가 있
었다. 기술자들은 손전등을 구석지고 어두운 곳에 비추어가며
나사못을 빼거나 박고 있었다.

"옳지, 그래. 드라이버에 손전등을 추가하면 되겠어요."

생각이 여기에 다다르자 다음 단계는 쉬웠다. 드라이버 자
루의 소재를 투명한 플라스틱으로 하고 그 속에 전지와 꼬마전
구를 넣은 다음 자루 끝을 렌즈형으로 하여 전구에서 나온 빛
이 드라이버 끝에 집중적으로 비추도록 한 것이다. 이른바 '전
등을 부착한 드라이버'가 탄생되었다.

박씨는 항상 백지를 가지고 다니다가 자신의 생각과 관련
된 것을 모두 기록하는 습관을 갖고 있었다. 그러다가 그는 야
광제품에 흥미를 갖게 되었는데 활용품이 쉽게 떠오르지 않았
다. 그래서 그는 집과 회사를 오가며 생각나는 말들을 무심코
적어보았다.

"지하실, 밤, 비, 물, 목마름, 물잔…."

메모를 하나하나 읽어가던 그는 갑자기 손뼉을 쳤다.

"바로 그거야. 밤에도 보이는 야광물잔!"

이렇게 하여 그의 연상기록은 하나의 아이디어 상품으로
이어졌던 것이다.

수집하고 또 수집하라

우리의 주위를 둘러보면 모으는 것에 관심을 많이 갖고 있으면서 우표수집을 비록하여 성냥갑, 종, 양주병, 수석, 도자기 등을 모으는 사람들을 볼 수 있다.

수집의 종류는 다양하여 보석은 물론이고 심지어 희귀하고 괴상한 것까지 모으는 사람들도 보게 된다.

하지만 이들 중에 '같은 것끼리 수집하는 것'에 대한 역사적 중요성을 아는 사람은 거의 없다. 실제로 인간은 이 수집행위에 의해 발전해 왔다고 해도 과언이 아니다.

"설마, 그런 단순한 취미생활이 어떻게 역사를 변화시켜? 말도 안 돼!"

아마 이런 의문을 제기하는 사람도 있을 것이다. 하지만 사실이 그렇다.

인간의 농업활동은 이 수집행위에서부터 시작되었다. 인간의 역사가 처음 시작될 무렵에 농업이라는 형태는 존재하지 않았다.

태초의 인간은 유목민으로 산과 들을 찾아다니며 먹을 것을 모아야 했다. 한 곳에서 먹을 것을 찾으면 또 다른 곳으로 이동하며 생활해야 했던 것이다. 지금처럼 한 곳에 정착하여 곡식을 재배하는 생활이 아니라 철새처럼 먹을 것을 찾아 떠도는 생활이었다.

그러한 상태에서 문명이란 발 디딜 틈이 없었다. 우선 먹거리에 급급했다.

그러던 것이 인간은 점점 같은 것끼리 모을 줄 알게 되었다. 옥수수와 쌀보리, 채소를 구별하고 같은 것끼리 모았다. 그리고 드디어는 같은 것들을 재배하기에 이르렀다.

이것이 바로 농업의 시작인 셈이다. 한 곳에 정착하여 농사를 짓고 양이나 가축을 치며 생육하고 번성하기에 이르렀다.

한 곳에 정착하여 번성하게 되면서 군락을 이루고, 마을이 생겼다. 그러면서 여가시간에는 마을 사람들이 한데 모여 잔치를 베풀고 여가시간을 즐겼다. 그러면서 여기에서 문명의 꽃이

피게 된 것이다.

그 후로도 같은 것끼리 모으는 작업은 계속되었다. 단을 쌓고 예배를 드리며 성전을 만들었다. 배우려는 어린이들을 모아 학교를 만들고, 치료하는 사람들끼리 모여 병원을 세웠다. 일하고자하는 사람들을 모아 공장을 건설했고, 이런 작업은 지금도 계속되고 있다. 관심 있는 것이나 같은 것끼리 혹은 종류대로 모으는 일을 해보자.

비록 수집하는 것이 인류의 미래를 바꿀 수는 없을지 몰라도 자신의 앞날을 개선할 힘이 될지도 모른다.

수집으로 발명에 성공한 사례를 보자.

100여 년 동안 전세계 시장을 꼼짝 못하게 움켜쥐고 있었던 ‘왕관 병뚜껑’은 페인타 부부의 합작품이다. 농부인 페인타 부부는 어느 무더운 여름날, 농장에 나가 해가 진 뒤에야 다정하게 귀가하였다.

“아휴, 목말라. 마실 것 좀 없나?”

하루종일 들에서 비지땀을 흘린 페인타는 소다수병을 따서 단숨에 들이켰다. 그러나 다음 순간, 페인타는 아랫배를 움켜쥐고 발을 굴렀다.

“아이구, 배야!”

이유인즉 병마개가 엉성하여 소다수가 변질되었던 때문이다. 집 근처에는 병원이나 약국도 없어 사흘간이나 고생한 페인타는 완벽한 병뚜껑을 만들 결심을 하고 쉬는 날이면 어김없이 시카고에 나가 각종 병마개를 수집하기 시작했다. 그의 병뚜껑 수집열은 가히 광적이었다.

그러기를 5년, 페인타의 집에는 자그마치 600여 종 이상의 병마개가 3000개 이상 쌓였다. 페인타의 연구는 이 때부터 본격적으로 시작되었다. 600종류의 병마개를 연구분석한 페인타는 드디어 기존의 불편하고 엉성했던 병마개를 개선하여서 '나사식 병마개'를 발명하는 데 성공했다.

그러나 나사식 병마개는 글자 그대로 나사처럼 돌려서 병입구를 막는 것으로 기존의 것보다는 한결 효과적이었으나 이 또한 소다수나 맥주처럼 가스 압력을 받을 때는 속수무책이었다.

페인타가 크게 실망하여 낙심하고 있을 때 재기에 넘치는 부인이 말했다.

"여보, 그걸 가지고 뭘 그러세요. 방법은 또 있어요. 병뚜껑을 모자처럼 씌운 다음 그 둘레를 왕관 모양으로 꽉 찍어두면 되잖아요."

"그래, 맞아요, 바로 그거야!"

페인타는 즉시 행동에 옮겼고, 한번 쓰면 버려지는 왕관 모양의 병뚜껑을 만들어냈다. 최고의 영리성을 가진 이 발명품은 전세계에 팔려나갔고, 페인타 부부는 황금방석에 앉게 되었다.

"도둑 하나, 열명이 못 막는다"는 속담이 있다. 도둑이 예고하고 드나드는 것은 아니고, 어디에 나타날지를 모르니 바로 이런 어려움을 두고 생겨난 속담일 것이다. 도둑은 예로부터 있었고, 이 도둑으로부터 재산을 보호하기 위해 생겨난 것이 자물쇠이다.

이 자물쇠의 역사는 매우 길다. 장롱과 대문에 설치했던 것을 원조로 하여 그 동안 꾸준히 발전해 왔다. 동양은 동양대로 서양은 서양대로 지역 특성에 맞게 만들어져 도둑 예방에 사용되었다. 그러나 이들 자물쇠는 너무 엉성하여 제 구실을 하지 못하고 ·있었다. 자물쇠가 비로소 제 구실을 할 수 있게 된 것은 새뮤얼에 의해서이다.

직업이 형사인 새뮤얼은 조사과로 발령을 받으면서부터 자물쇠에 빠져 들었다.

"도둑이 또 자물쇠를 열고 침입하여 범행을 저질렀구먼!"

당시 도둑들이 하나같이 자물쇠를 연 후 범행한 것이 확인되자, 새뮤얼은 시장에서 팔리고 있는 자물쇠란 자물쇠는 모두 수집하여 살펴보았다. 그런데 자물쇠는 모두 한결같이 빈약하여 손쉽게 부수고 열 수 있었다. 심지어는 제 열쇠가 아니어도 쉽게 열리기까지 하였다.

'이것도 자물쇠라고 만들었나?'

새뮤얼은 몹시 화가 났다. 자물쇠가 너무나 엉성하니 너도 나도 쉽게 도둑질할 생각을 갖고 범행을 저지르는 것이 아니겠는가.

'범죄는 예방이 최고야. 내가 직접 견고하고 정밀한 자물쇠를 만들자.'

새뮤얼은 힘껏 연구에 몰두하기 위하여 형사직을 포기하였다. 그리고 몇 개월 후, 새뮤얼은 자신이 생각했던 튼튼한 자물쇠를 만드는 데 성공하였다.

'이것들을 가지고 무엇을 할 수 있을까?'

남아도는 폐품들과 나사들을 수집해 놓고 이런 생각을 하는 한 노인이 있었다. 나이는 67세, 이름이 베어이다.

그는 뉴햄프셔 주 나슈아 시에 자리잡은 방위산업 회사인 샌덜즈사에 다니는 기술자였다. 60대의 노령이고 보니 폐품 하나, 나사 하나라도 버리지 않고 주워 모은 것이 그로 하여금 이런 생각을 갖게 했던 것이다.

그러던 어느 날, 베어의 머릿속에 새로운 생각이 떠올랐다.

"이봐, 자네 집에서는 텔레비전을 어디에 쓰나?"

베어의 물음에 동료가 대답하였다.

"보는 거죠. 뭐 달리 쓸데가 있겠어요? 텔레비전은 텔레비전이지요."

그는 생각했다.

'미국의 가정에는 집집마다 텔레비전이 있다. 심지어 한 집에 두세 대씩 있는 곳도 있다. 이렇게 많은 텔레비전들로 뭔가 다른 일을 할 수는 없을까?'

베어는 항상 이 문제를 골똘하게 생각했다. 밥을 먹을 때나 길을 갈 때도

'뭔가가 꼭 있을 거야. 600만 대가 넘은 텔레비전, 이것을 잘 이용한다면 멋진 사업을 할 수 있어!'

이렇게 몇 개월이 흐른 뒤, 뉴욕의 어느 정류장에서 버스를 기다리던 그의 앞으로 손자뻘 되는 아이들이 뛰어다니고 있었다. 그 아이들을 무심히 바라보던 베어는 갑자기 무릎을 탁 쳤다.

"맞아, 게임을 하는 거야. 텔레비전으로 하는 게임."

피크맨
야호!!
드디어 텔레비전
게임을 완성했다!!

　　베어는 뉴햄프셔로 돌아오자 텔레비전 앞에 앉아서 게임을
만드는 일에 열중했다. 그리고 그 해 12월, 드디어 피크맨이라
는 이름의 게임을 만들었다.

　　그리고 베어가 이렇게 게임을 만드는 데 시간을 소비하는
것을 못마땅하게 생각하던 회사의 간부들까지 게임에 열중하도
록 만들어 열심히 일한 덕에 1967년에는 패드볼 게임과 하키
게임을 만들어 냈고, 5년 후인 1972년 4월에 특허품으로 등록
되었다.

　　그 해 봄 '오디세이'라는 가정용 비디오게임을 보급하여 오
늘날 전자오락이라는 이름으로 전세계 완구시장을 점유하고 있
는 비디오 게임은 이렇게 탄생된 것이다.

많은 방법을 찾아보자

지퍼슨이라는 남자가 있었다. 그는 외출할 때마다 몸을 숙여 일일이 구두끈을 매야했던 번거로움이 너무나 싫어서 지퍼를 고안해냈다.

지퍼가 시카고 박람회에 출품되었을 때 워커라는 중령이 그것을 보고 곧바로 달려들어 사겠다고 했다. 지퍼를 대중적으로 실용화하면 큰 돈을 벌 수 있을 것이라 생각했기 때문이었다.

그러나 지퍼를 대중화하기 위해서는 지퍼를 자동으로 만들 수 있는 기계를 발명해야 했다. 워커는 지퍼 자동제조기계를 발명하기까지 19년이라는 세월을 보냈지만 누구도 그의 기계를 거들떠보지 않았다.

"이젠 정말 지쳤어. 손해를 보고라도 팔아 치워야 하겠어."

그러던 어느 날, 브루클린에 사는 어느 양복점 주인이 이 기계를 보고 워커를 찾아가 아주 싼 값에 사들였다.

양복점 주인은 지퍼를 복대의 지갑주머니 어귀에 붙여 팔았고, 해군복에 붙여 군대에 팔기도 했다. 둘 다 크게 성공을 거두었고, 굿리치 회사는 이 지퍼를 점퍼에 붙여 판매했다. 그러자 지퍼는 온 미국으로 퍼져나가 불붙듯 유행하기 시작했다.

요즘 지퍼의 쓰임새란 사용되지 않는 곳이 거의 없을 정도로 곳곳에 쓰인다. 아이들 신발에서부터 필통, 가방, 드레스, 비옷, 이불, 베갯잇, 커튼, 수첩케이스, 지갑 등은 물론이고 심지어 노트에도 사용되고 있다.

이렇게 다양한 사용방법이 있음에도 미처 그것을 발견하지 못한 워커는 19년의 세월을 허비하고도 결국 싼 값에 보물을 내다판 결과를 가져왔다.

지퍼 하나를 놓고 볼 때도, 그 쓰임새가 다양하듯 사용방법은 이렇게 여러 가지가 있다.

어떤 문제의 해결 방법에 있어서도 마찬가지이다.

"이 달걀을 세워 보십시오."

만일 당신에게 이런 주문이 떨어졌다면 어떻게 하겠는가? 먼저 콜럼버스처럼 달걀의 끝을 깨뜨려 세우는 방법이 있을 것이다. 그 다음에 또 무슨 방법이 있을까?

"에이, 또 무슨 방법이 있을라고?"

아마 대부분의 사람들은 이렇게 말하며 문제를 회피하려 들 것이다. 그러나 다시 한 번 잘 살펴보자. 정말 콜럼버스가 사용했던 방법밖에 없는 것일까? 천만의 말씀이다. 어떤 문제이든 간에 해결책은 반드시 있게 마련이다. 그것도 한두 가지가 아닌 수십 수백 가지의 해결방법이 있다. 단지 사람들이 그것을 찾아내는 데 인색하기 때문에 문제가 쉽게 해결되지 않은 것뿐이다.

이번에는 달걀을 유치원 어린이들에게 주고 세우라고 해보

라. 여러 반응이 나타날 것이다. 어떤 어린이는 모래나 흙, 혹은 돌을 주워다가 달걀 밑에 받쳐서라도 세울 것이다. 또 다른 아이는 본드, 껌 그리고 고무 찰흙 등을 사용하기도 하고, 또 어떤 어린이는 컵, 블록, 장난감, 그리고 고무줄이나 실타래 혹은 지우개를 사용해서라도 반드시 세우는 경우가 있을 것이다.

문제는 지금까지의 시각이나 관점을 벗어나 다른 각도에서 보지 못하는 데 있는 것이다. 만일 문제를 새로운 시각, 다른 각도 혹은 관점에서 본다면 지금까지 무시해 왔던 일들이 새롭게 부각될 것이다. 그리고 그 속에 숨어 있던 여러 가지 사실들을 깨닫게 될 것이다. 이것을 반복하는 동안 문제 해결력이 생겨나는 것이다.

달걀 하나를 세우는 데 있어서도 직업이 목수인 사람은 못

을 박아 달걀을 고정시킬 것이고, 미장공이라면 시멘트를 사용
하여 달걀을 세울 수 있다. 미술가라면 석고나 진흙, 의사는
반창고나 테이프, 수제비를 만들기 위해 밀가루 반죽을 하던
가정주부라면 밀반죽 위에 달걀을 세울 수 있다.

그뿐이 아니다. 요즘처럼 핸드폰을 토끼나 거북이 인형의
등에 세우는 신세대라면 그 위나 인형의 손 안에 넣어서라도
세울 것이다.

옛날 물동이를 머리에 이던 시절이라면 작은 또아리를 만
들어 세울 수도 있다.

방법은 생각할수록 자꾸 나온다. 마치 마르지 않는 샘과
같다고 해야 할까.

인스턴트 식품 중에서 단연 으뜸으로 손꼽히는 라면은 식
품업계의 혁명으로까지 극찬받았던 발명품이다. 지금은 오히려
우리나라에서 새로운 라면을 개발하여 다른 나라에 수출하고
있지만 라면의 출발은 1958년 일본에서 발명되어 시판되기 시
작했다.

일본에 있어서 1950년대는 건국 이래 최대의 고난을 맞은
때였다. 제2차 세계대전에서 패배한 후유증이 계속되고 있었기
때문이다.

도시는 원자폭탄의 투하로 폐허가 되었고, 사람들은 식량
이 부족하여 굶주림에 시달렸다. 그 당시 가난한 나라 대부분
이 그랬듯이 일본도 미국의 밀가루를 지원받아 빵을 만들어 먹
으며 연명해가는 사람들이 많았다.

그러나 쌀밥을 주식으로 하던 전통적 식습관 때문에 사람
들이 빵만으로는 공복감을 제대로 채울 수 없었다. 바로 이 때

밀가루를 이용한 새로운 식품을 개발한 생각을 한 사람이 사업가였던 안도 시로후크였다.

'밀가루로 빵만 만들 것이 아니라 쌀밥 못지않은 주식으로 개발할 수는 없을까?'

안도는 여러 가지 방법을 생각하면서 끈질긴 연구에 들어갔다.

그러는 사이 몇 해가 지났다. 그간 가산은 탕진되고 실패만 거듭하여 마침내는 자살 직전까지 몰려 있었다. 그로 인해 술에 취해 살던 안도는 어느새 폐인이 되어갔다.

그러던 어느 날, 술집을 찾은 안도의 눈에 어묵을 기름에 튀기는 주인의 모습이 들어왔다. 순간, 안도의 눈이 번쩍 빛났다.

"바로 저것이다."

탄성을 지르는 안도의 모습을 바라보며 술집 주인은 혀를 찼다.

"쯔쯔…, 결국은 미쳐 버렸군."

그러나 안도는 이에 아랑곳하지 않고 술집주인의 조리 모습을 지켜보고 있었다. 끓는 기름에 밀가루 반죽을 묻힌 생선을 넣는 순간 밀가루 속에 있던 수분이 순간적으로 빠져나오고, 튀김이 끝난 음식에는 작은 구멍이 무수히 생기는 것을 관찰한 것이었다.

"됐어, 저 원리를 응용하는 거야."

안도는 즉시 집으로 돌아가 실험을 거듭했고, 라면 개발에 성공했다. 그리고 그는 부와 명성을 다 얻었다.

요즘 중·고등학생, 대학생은 물론이고 음악을 좋아하는 젊은이들이 늘 귀에 꽂고 다니는 워크맨은 실패한 아이디어에 방법만 달리하여 성공시킨 발명품이다. 처음 워크맨의 본체를 개발한 사람은 소리의 연구개발원인 이라 미츠로이다.

그는 당시에 유행하던 테이프 레코더인 프레스맨을 개조하여 신상품을 만들 작정이었다.

'음, 크기는 아담하고, 스테레오 음을 내는 테이프 레코더를 만들어야지!'

그러나 애당초 그의 계획은 간곳없이 녹음기능이 빠진 이상한 형태의 제품이 나오고 말았다.

당시의 테이프 레코더들은 신문기자들이 거의 녹음용으로 활용하던 것이었기 때문에 녹음기능이 없다는 것은 알맹이가 빠진 것이나 다름없었다. 이에 이라 미츠로는 녹음이 안 되는 카세트 플레이어를 놓고 실의에 빠져 포기상태에 있었다.

그런데 이 물건이 소니의 명예회장인 이부카의 눈에 띄었다. 그는 기발한 아이디어를 냈다.

"테이프 레코더라고 녹음하는 데만 사용하란 법이 있을까? 음질만 좋다면 음악을 듣는 것만으로 사용할 수도 있을 거야."

이부카는 당시 함께 연구중이던 헤드폰을 이 플레이어와 연결하여 새로운 상품을 만들도록 지시했다.

그러나 관계자들의 반응은 냉담했다. 실험실에서도 실패작이라고 낙인 찍힌 물건이 대중에게 대접받을 수 있겠느냐는 것이었다.

그런데 대중의 반응은 놀라웠다. 시장에 나오자마자 불티나게 팔려나갔고 심지어는 외국에서도 이 제품을 사기 위해 일

방법
방법
방법
사
회
방법
방법
방법
환
경
방법
문
화
과 학

본을 찾을 정도였다. 덕분에 소니는 세계 일류기업으로 당당하게 뛰어 올랐다.

처음 성냥이 발명되었을 때만 해도 사람들은 무척 놀랐고, 또 감탄했다. 불을 이용할 수 있는 쉽고도 편리한 방법이 탄생되었으니 대부분의 사람들은 그것으로 끝이라 생각하며 안주했을 것이다. 그리고 더 이상은 생각할 필요도 없을 것이라고 단정지었을지도 모르는 일이다.

그러나 그 이후로도 성냥은 여러 가지 형태로 개발되었다. 라이터, 가스, 전기 등등….

그것으로 다 되었는가 했지만 불을 이용하는 방법으로 오븐, 쿠커, 전자레인지 등이 계속해서 생겨났다.

이제는 정말 끝일까? 그것은 아무도 장담하지 못할 일이다, 어느 누가 또 기상천외한 방법으로 손 하나 까딱하지 않고도 켤 수 있는 불을 만들어낼지.

아무튼 인생에는 정도가 없듯이 길은 언제나 여러 갈래가 있다. 세상은 변하고, 눈에 보이는 모든 것은 변하지 않는 것이 하나도 없기 때문이다.

머리를 많이 써라

미국의 존 워너메이커는 백화점 왕으로 잘 알려진 사람이다. 그는 자신에게 주어진 많은 부(富)를 값지게 사용했던 인물로도 유명하다.

그에게는 세 가지의 생활 신조가 있었는데 모두 'T' 자로 시작하는 단어이다. 첫째는 'Think'로 생각하라는 것이고, 둘째는 'Try'로 실천에 옮기라는 것이다. 셋째는 'Trust in God'로 하나님을 의지하라는 것이었다.

인간이 다른 동물과 다른 점이 있다면 'think', 곧 생각할 수 있는 능력이 있다는 것이다. 머리를 쓰는 방법은 여러 가지이겠지만 조그마한 아이디어 하나가 세계적인 제품을 만들어냈다.

미국의 사진기자인 이스트먼은 저렴하고 간편한 카메라를 발명했다. 그는 이 카메라의 이름을 짓기 위해 며칠동안 고민했으나 묘안이 떠오르지 않았다.

그러던 어느 날, 그는 친구로부터 사람들에게 가장 강력한 느낌을 주는 알파벳은 'K'라는 말을 들었다.

'어, 우리 어머니의 이름도 K자로 시작되는데….'

그래서 그는 새로 만든 카메라의 앞과 끝을 K로 고정한 후 여러 알파벳을 중간에 끼워넣어 보았다.

그 결과 가장 강렬하고 부르기 쉬운 단어가 코닥(Kodak)이었다. 이 단어에는 아무런 의미가 없다. 그저 값싼 카메라를 의미할 뿐이었다.

그런데 이 조그만 카메라가 전세계에서 폭발적인 인기를 모았다. 머리를 쓴다는 것은 바로 이런 경우를 두고 하는 말이다.

벤저민 리턴버그는 젊은이들에게 다음과 같은 말을 남겼다.

"자신의 잠재능력을 개발하지 않고 그냥 편하게만 살아가는 것은 일종의 자살이다."

사람이 세상을 살아가는 데는 크게 두 가지 스타일로 나눌 수 있다. 자기의 환경 속에서 최대한 머리를 많이 써서 '최고'로 살아가는 사람과 머리를 쓰지 않고 '최소'로 그럭저럭 살아가는 사람이다. 머리는 쓰면 쓸수록 가치를 높여준다.

요즘 대형슈퍼나 마트에 가면 식품 코너의 한편은 각종 통조림으로 가득하다. 참치 캔을 비롯하여 정어리, 꽁치, 번데기 등은 물론이고 파인애플, 복숭아, 포도통조림과 음료수에 이르기까지 종류도 다양하고 모양도 가지각색이다.

이 통조림도 따지고 보면 머리를 써서 간단한 아이디어를 낸 것이 오늘날처럼 전세계로 퍼지게 되었다.

주석 기술자인 튜란트는 병조림을 즐겨 먹었다. 그는 평소 점심식사로 병조림을 사용했는데, 어느 추운 겨울날 점심시간

이 되자 병조림을 꺼냈다. 그런데 너무 차가워 도저히 먹을 수
가 없었다.

"아이 차가워! 이렇게 추운날 이대로 먹다가는 창자까지
얼어붙겠어. 무슨 좋은 수가 없을까?"

튜란드가 주변을 둘러보다가 근처에 널려 있는 깡통을 보
는 순간 머리 위로 번쩍이는 생각이 떠올랐다

'그렇지! 바로 그거다.'

그는 곧 깡통에 병조림을 쏟아 붓고 난로 위에 얹었다. 편
리하고 따뜻한 점심 식사를 마친 튜란드의 표정이 금세 밝아졌
다.

'아, 잘 먹었다. 그래, 병 대신 깡통을 쓰면 깨질 염려도
없고 추운 겨울날에는 따뜻하게 데워 먹을 수도 있어 일석이조
로군.'

당시 병조림이 세상에 나와 있었으나 병조림은 잘못하면 깨지기가 쉬웠고, 병마개도 안전하지 못해 불편한 점이 많았던 것이다. 이렇게 해서 튜란드가 깡통을 이용하여 통조림을 처음 발명했다. 병조림이 세상에 나온 지 10년 후인 1819년의 일이다.

인간의 능력에는 한계가 있다. 새처럼 하늘을 날거나 치타보다 빨리 달릴 수 없는 육체를 갖고 있다. 그러나 인간의 두뇌활동에는 한계가 없다.

머리는 쓰면 쓸수록 더 좋아지는 것이다. 하지만 그렇다고 해서 무턱대고 생각만 한다고 머리가 다 좋아지는 것은 아니다. 모든 일에는 순서와 방법이 있듯이 머리를 훈련하고 아이디어를 생산하는 데도 방법은 있다.

우선 모든 것을 분석하고 사용할 용도를 생각해 보라. 아무리 하찮은 것이라도 무관하다. 한 개의 못이나 분필, 신문지 한 장이라도 우선 꼼꼼히 살펴보라. 각각 그것만이 가지고 있는 특성이 나타날 것이다.

예를 들어 붉은 벽돌에 관한 것을 살펴보자. 붉은 벽돌은 어떤 특성을 가졌을까? 될 수 있는 한 상상력을 총동원하여 많은 특성을 생각해보자. 조금 엉뚱한 듯싶어도 무관하다. 사실 모든 아이디어는 엉뚱한 착상에서부터 시작되는 법이니까.

붉은 벽돌을 관찰한 결과 얻을 수 있는 특성은 '붉다' '단단하다' '무겁다' '입방체이다' '으깨면 가루가 된다' 등일 것이다. 물론 이외에도 많겠지만 거의 공통적으로 생각한 것은 이 다섯 가지로 축약될 것이다.

여기까지 진행되면 일단 생각의 범위가 좁혀지는 셈이 된

다. 그러면 다음에는 이 성격들로 무엇을 할 수 있는가 생각해
보자.

벽돌의 단단한 속성으로는 호도를 깔 수 있을 것이다. 망
치의 대용으로 쓰거나 싸울 때 무기로도 쓸 수 있는 것이다.
무겁다라는 속성으로는 저울의 추로 사용하거나, 오이나 깻잎
등을 절일 때 누름돌, 포환던지기 연습용으로도 쓸 수 있을 것
이다. 입방체 혹은 으깨면 가루가 되는 속성으로는 어린이들의
교육용이나 미술 재료로 쓸 수 있다. 붉은 벽돌 하나가 망치에
서부터 조각의 소재까지 다양하게 변할 수 있는 것이다.

계속 생각해보면 쓰일 곳은 무궁무진하다. 여러 위대한 발
명품들도 모두 이러한 사고과정에서 생긴 것이다.

제2차 세계대전 중 연합군의 승리에 큰 몫을 한 발명품이
하나 있다.

1936년, 어느 날 영국 공군성에 소속된 과학 연구부의 윈
페리스 연구부장실에 연구부원인 로가 들어왔다.

"윗슨, 와트 박사로부터 온 보고서를 가지고 왔습니다."

"그래? 어서 이리 주게."

윈페리스 박사는 로가 들고 있던 큰 봉투를 나꾸어채듯 받
아 들었다. 보고서의 내용을 한참 읽고난 윈페리스 박사의 얼
굴표정이 심각해졌다.

"지금까지의 연구만으로는 살인광선의 발명이 불가능하단
말이지."

"네, 그런데 저… 박사님. 와트 박사께서는 전파로 비행기
를 떨어뜨릴 수는 없지만 비행기가 어디로 날고 있는지는 쉽게

발명

알아낼 수 있답니다.”

“와트 박사가 그런 말을 했다고?”

“네, 박사님. 이것이 성공하면 영국 영공에 침입한 적기는 모두 발견되어 격추당하고 방위는 거의 완전해질 겁니다.”

얼마 후, 영국 공군성은 비밀리에 완성된 레이더의 실험에 착수했다. 노잔프턴이라는 마을의 도로 위에 포장을 친 평범한 트럭 한 대가 고장난 듯이 서 있었다. 바로 이 트럭의 포장 속에는 복잡한 장치를 한 기계들과 함께 와트 박사를 비롯한 연구자들 그리고 공군성 소속의 장교들이 긴장한 채 기계를 응시하고 있었다.

“바로, 이 시간입니다.”

이 말이 떨어짐과 동시에 브라운관의 옆에 놓인 발신기가 작동을 시작했다. 전파는 안테나를 통해 사방으로 발사되어 갔다. 얼마 후 틀림없는 비행기의 소리가 멀리서 들려왔다. 이 때 와트 박사는 “됐어, 붙잡았어” 하고 중얼거렸다.

바로 그 때 브라운관에 가로로 곧게 뻗은 빛 위에 곡선이 뚜렷하게 나타나기 시작했다. 이 곡선은 조금씩 가운데 쪽으로 옮겨지고 있었는데 이것은 발사된 전파가 실험용 비행기에 닿아 다시 반사되어 기계로 돌아온 증거였다.

와트 박사를 비롯한 레이더 연구팀은 연구를 거듭한 결과 1936년 1월, 120km 떨어진 먼 하늘에서 비행하는 비행기의 동작을 포착하는 레이더를 만들게 되었던 것이다. 인간의 머리는 무한한 능력을 갖고 있다. 다만 제대로 사용하지 않기 때문에 창조주가 주신 뇌세포를 조금 쓰다 말고 끝나는 경우가 많다.

성공을 원한다면 머리를 많이 써라.

모양도 생각하라

옛말에 "보기 좋은 떡이 먹기도 좋다"는 말이 있다. 과연 이 말은 사실이다. 가령 나른한 봄기운에 입맛을 잃었다가도 예쁘고 먹음직스럽게 장식된 음식을 보면 저절로 군침이 돌고 단번에 식욕을 느끼는 경험은 누구나 갖고 있을 것이다.

눈에 보이는 것이 먹을 것이든 입는 것이든 혹은 타는 것이든 모양이 좋으면 누구든 소유하고 싶은 충동을 느끼는 것은 어쩌면 인간의 본능이 아닐까.

그래서 여성은 꾸미거나 모양내기를 좋아하고, 상대적으로 남성은 여성에게 잘 보이고 싶어 부풀리기까지 한다. 하다못해 수탉도 벼슬을 세우고, 꽁지를 드는 것이 그 증거 아니겠는가. 아무튼 인간의 속성은 모양새에 많은 관심을 갖고 있는 것이 틀림없다.

인종을 뛰어넘어 누구나 한 번 보면 군침이 돌게 하는 핫도그, 코흘리개 호주머니까지 털어내는 그 맛과 인기의 비밀은 어디에 있을까?

핫도그의 발명가는 일본 중소식품업체 기붕식품의 튀김식품 생산부에 근무하던 당시 39세의 다나카란 성을 가진 남자이다.

　기붕식품은 사원들의 창조적인 아이디어를 보물처럼 여기는 회사였다. '직무발명제'를 채택하여 불같은 기세로 성장하던 기업체였다. 직무발명제도란 직원이 자신의 일과 관련된 발명을 했을 경우 권리는 회사가 갖고, 대신 보상금을 발명자에게 주는 제도다.

　직무발명제도의 첫 영광은 야마모토 유기오가 차지했는데 그는 으깬 생선살을 동그랗게 빚어 대나무 꼬챙이에 꿰어 튀긴 '꼬추안주'를 창안하여 연간 1천만 엔의 보상금과 과장 승진의 행운을 잡은 것이다. 이때부터 기붕식품의 전 사원은 물론 다나카의 연구도 필사적이었다.

　'나라고 못할 이유가 없지!'

　다나카는 새로운 발명의 소재를 찾아 전국의 식품시장을

샅샅이 조사했다. 그러던 어느 날 아침, 출근길에서의 일이다. 다나카는 만원버스 안에서 손잡이를 단단히 움켜쥔 어느 소녀의 주먹에 눈을 고정시켰다. 소녀의 주먹은 여간 예쁘고 야무진 것이 아니었다.

'그래, 바로 저 모양이다. 저 주먹 모양의 튀김과자를 만들면 무척 먹음직스러워 보일 거야'

다나카는 출근 즉시 주먹모양의 튀김과자를 만들어 사장실 문을 두드렸다.

1977년 초겨울, 핫도그의 인기는 대단하여 말단 생산직 사원이었던 다나카는 공장장으로 승진함과 동시에 연간 억대의 보상금을 받았고, 기봉식품은 세계 굴지의 식품회사로 떠올랐다.

성냥이 발명된 것은 1827년 영국의 워커에 의해서였다. 워커는 손쉬운 발화방법을 발명하기로 결심하고 44세 때부터 연구를 계속했다. 그러던 어느 날, 그는 실험도중 별 생각 없이 염소산칼륨과 황화안티몬을 아라비아고무와 풀로 반죽하고 그 반죽을 천에 발라 보았다. 그런데 그 천이 달구어진 난로에 닿자 불이 붙어버렸다.

"워커의 약방에 불붙는 천이 있대."

새로운 발화천을 사려는 사람들이 구름처럼 몰려들자 워커는 나무개비 위에 동그란 머리형태를 한 성냥을 만들고 유리종이 사이에 끼워서 잡아당기면 불이 붙는 현대식 성냥을 만들어 냈다.

당시의 성냥발명은 지금의 인터넷 발명보다 더 많은 화제를 일으켰고, 워커가 돈방석에 앉은 것은 당연한 결과였다.

그리고 150년이 지나도록 성냥갑은 장방형, 삼각형이 고작
이었다. 그런데 동경 올림픽이 준비되고 있을 무렵, 일본 전역
은 판촉물 개발에 열을 올리고 있었다. 값싼 물건으로 회사와
상품을 홍보하려는 기업들의 극성이 대단했던 것이다. 이름 있
는 기업들은 현상금까지 내걸고 아이디어를 모집하였고, 시민
들도 아이디어를 짜내기에 고심하던 터였다.
'내 인생을 수위로 끝낼 수는 없지. 나도 새로운 판촉물에
운명을 걸자.'
당시 빌딩의 수위였던 쓰쓰이도 머리를 굴리기 시작했다.
'판촉물이라면 값도 싸고, 모든 사람들이 필수품으로 사용
하는 것이어야 할 텐데….'
끙끙 앓다가 담배를 한 대 피우려던 쓰쓰이는 무릎을 탁
쳤다. 성냥을 발견한 것이다.
'그렇다. 성냥갑이다.'
쓰쓰이는 이 날부터 각종 성냥갑을 만들기 시작했다. 영문
을 모르는 동료들은 비웃기까지 했으나 쓰쓰이는 즐겁기만 했
다.
이단형, 반달형, 맥주병형, 팔각형, 원통형… 무려 1백여
종의 성냥갑을 만들었다. 그리고는 그 중에서 50여 개를 골라
특허청에 의장출원을 하였다.
그 중 맥주병형의 성냥갑이 쓰쓰이의 운명을 송두리째 바
꿔놓았다. 일본 굴지의 맥주회사가 올림픽을 겨냥하여 신제품
을 개발하고 홍보용 판촉물로 채용해준 것이다. 나머지 성냥갑

들도 꾸준히 팔려나가 그는 곧 천만장자가 되었다.

뒤늦게 많은 기업들이 성냥갑의 변형을 시도했으나 이미 쓰쓰이가 모두 의장출원을 마친 뒤여서 번번이 허사였다.

오늘날 만년필의 제왕으로 불리는 파커 만년필은 각진 만년필대를 유선형으로 바꾼 디자인(의장) 하나로 성공한 발명품이다.

파커가 만년필 가게에 취업한 것은 14세 때의 일이다. 생활전선에 뛰어든 그가 열심히 일하여 4년 뒤에는 경쟁자가 없을 정도로 이 방면에 숙련기술자가 되어 있었다.

그런데 어느 날, 여자 친구의 말 한마디가 그에게 큰 충격을 주었다.

"파커, 네가 아무리 만년필 수리를 잘 해도 높은 사람이나 부자가 될 수는 없을 거야."

회의에 빠진 파커는 출근조차 하지 않고 방황하기 시작했다. 파커의 결근으로 큰 손해를 본 가게 주인은 파커를 찾아가 워터맨의 펜촉 발명이야기를 들려주었다. 이 때 파커의 머릿속에는 이미 '유선형 만년필대'라는 아이디어가 자리하기 시작했다.

그 무렵은 자동차도 비행기도 모두 유선형이었고, 각종 생활용품이 유선형으로 바뀌는 유선형의 전성시대였던 것.

'만년필대도 유선형으로 만들면 틀림없이 성공할 수 있을 거야.'

그는 날마다 날렵한 유선형 만년필대를 만들었다. 오로지 유선형이라는 한 가지 특징밖에 없었으나 파커의 만년필은 대

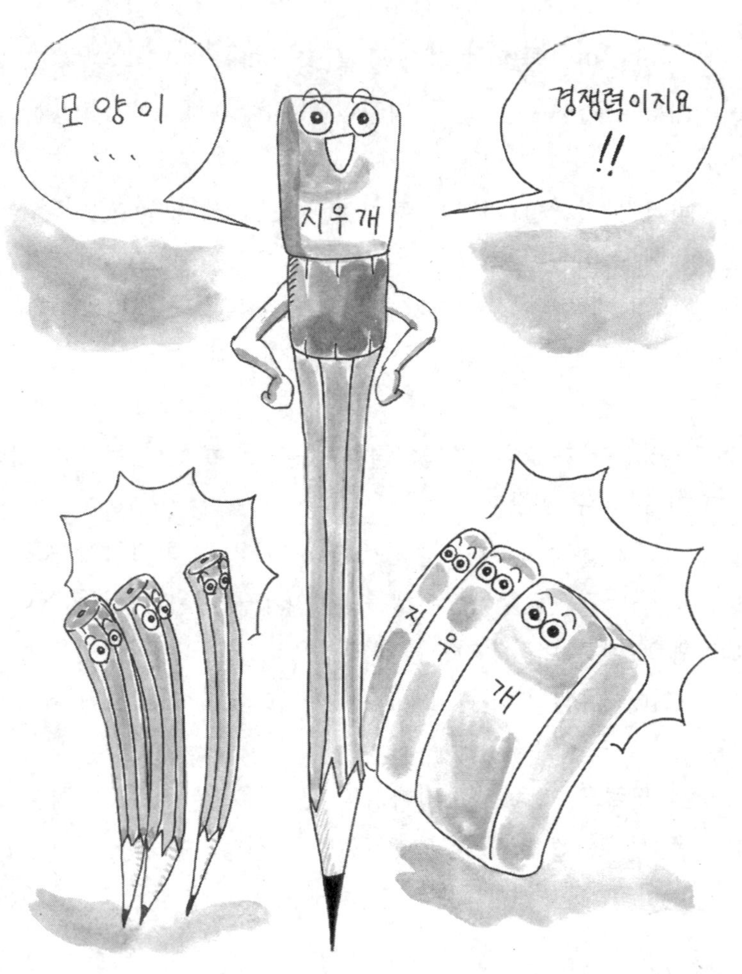
모양이
...
경쟁력이지요
!!
지우개
지우개
지
우
개

기업의 제품들을 제치고 그 해 시장 점유율 1위로 올라섰고, 세계 각국에 수출하기에 이르렀다.

요즘 문방구점에는 각양각색의 문구나 학용품들이 저마다 예쁜 모양을 뽐내고 있다. 지우개, 연필, 공책, 수첩, 필통, 볼펜, 크레파스, 색연필 등 수많은 문구들이 하나같이 모양과 색상을 자랑한다.

하이만이 연필의 한쪽 끝에 지우개를 붙여 세계적인 발명가가 되었다는 실화는 이미·옛날이야기가 되었고, 요즘 연필의 한쪽 끝에는 동물, 인형 등 다채로운 장식품들을 붙여 어린이들의 호기심을 자극하고 있다.

지우개 또한 모양과 색상들이 단순히 지우는 데 사용한다는 용도를 넘어섰다. 같은 지우개라면 모양이 특이하거나 예쁜 것을 고르는 것은 어린이를 비롯한 인간의 본능일 것이다.

이런 모든 새로운 것에는 고안자의 출원이 있으면 심사를 거쳐 의장권이 주어진다. 미국의 대중교통 수단인 버스는 매우 화려하게 디자인되어 누구나 한번 타보고 싶은 충동을 일으킨다. 이것은 '로위'라는 사람이 어떤 색깔을 배합해서 어떤 모양을 넣으면 대중이 타고 싶은 충동을 일으킬까? 하고 꾸준히 연구한 결과였다.

이처럼 의장은 인간의 본능을 자극하는 힘을 가지고 있기 때문에 최근 들어 특허 못지않게 중요시되고 있다.

특허나 실용신안으로서 아주 훌륭한 것이라 하더라도 그것을 대중에게 알리는 데는 많은 시간이 걸린다. 이 시간을 단축할 수 있는 것은 의장뿐이다.

더욱이 하루가 다르게 변하는 요즘, 머그컵 하나를 고르더라도 사람들은 독특하고 멋진 것을 고른다. 그러므로 좋은 상품에 좋은 의장이 곁들여지면 단시일에 인기상품이 될 수 있다. 때로 썩 좋지 않은 상품일지라도 의장이 좋으면 일시적 인기는 누릴 수 있다. 옷이 날개란 이를 두고 한 말일 것이다.

색채를 무시하지 말라

시각이 인간에게 미치는 영향은 실로 대단하다. 시각 중에 색채 지각은 자극의 물리적인 속성에서부터 망막에서 뇌까지의 신경정보처리과정이 비교적 자세하게 밝혀져 있다.

심리학분야들 중에도 색채 및 디자인이 포함될 정도로 연구의 폭이 넓어져가고 있다. 그러므로 색채에 대한 응용도 심도 깊게 다루어져야 할 것이다.

예를 들어보자. 색채에 대한 통계 중에서 검은색 대문을 가진 가정에서 오래도록 살아온 사람 중에 위장병 환자가 많다는 이야기가 있다. 그 이야기가 근거 있는 것인지는 입증할 수 없으나 상식적으로도 검은색은 어둠과 우울함 그리고 무거움을 상징한다.

아침에 대문을 나서면서 검은색을 대한다면 자신도 의식하지 못하는 사이에 기분이 침체되거나 우울해질 수 있다. 퇴근길에 또 다시 검은 대문을 들어선다면 피곤한 마음에 한층 더 무거움을 더하는 결과가 될 것이다.

결과적으로 모든 질병은 마음에서부터 시작된다는 점을 감안한다면 어두운 색은 기분을 상쾌하게 하거나 가볍게 하는 대신 무겁게 하고, 스트레스를 가중시키는 역할을 할 수 있다.

실례로 과거에는 부를 나타내는 승용차의 상징이 검은색 그랜 저였다. 거리에 온통 검은색 자동차들이 줄지어 늘어서 있다고 가정해 보라. 아마 도시 전체가 어둡고 무겁게 느껴질 것이다. 그래도 당시에는 별다른 느낌 없이 검은색 자동차를 선호했고, 빨강색이나 녹색 등은 천시했었다.

그러나 요즘은 어떠한가. 대 지각 변동이 왔다. 거리에 나서 보면 흰색, 회색, 빨강, 노랑, 연두, 파랑, 감청, 베이지, 갈색 등 형형색색의 자동차들이 다양하게 도시를 메우고 있다. 거리는 한결 활력 있고 경쾌하게 느껴진다. 현대인들의 의식이 그만큼 많이 바뀌었다는 증거이다.

그런데도 어두운 색을 고집해고 색채를 가볍게 생각해야 하겠는가.

얼마 전까지만 해도 팬티 하면 사람들은 흰색을 생각했었다. 그런데 '르'씨는 여성용 핑크색 팬티를 만들어 크게 히트하였다. 이에 자신을 얻어 빨강색 팬티를 만들었는데 역시 히트했다.

여성에게는 흰색 팬티보다 색깔 있는 팬티가 더 잘 팔린다는 사실을 확인한 르씨는 무지개빛 7가지 색깔의 팬티를 한 세트로 하여 생산한 결과 유명업체 사장으로 올라섰다.

이 소문을 전해들은 'ㅁ'씨는 여성용 구두의 색깔을 다양하게 생산하여 역시 히트했다. 구두 역시 처음 생산될 때는 대부분 검정색이었다. 그런데 ㅁ씨는 흰색, 빨강, 노랑, 파랑색 등 다양한 색깔의 구두를 생산하여 경쟁업자들을 제치고 구두업계의 제일인자로 성공하였다.

가구 중 장롱, 옷장, 화장대 등도 처음에는 검은 자개장이 가구의 대명사가 될 정도로 주를 이루었다. 그런데 요즘 신혼부부의 혼수가구를 보면 그 색상과 디자인이 실로 다양하며 밝은 색으로 바뀌었음을 알 수 있을 것이다.

주방의 싱크대도 어둡고 칙칙했던 색상에서 점차 예쁘고 밝은 색으로 바뀌었다. 과거에는 냉장고나 세탁기 등 주방용품도 흰색이나 단색이 대부분이었다. 지금은 오히려 다양하고 격조 높은 컬러 톤들을 소비자들이 선호하고 있다.

심지어 의사나 간호사의 가운, 건물까지도 병·의원의 상징이었던 흰색이 점점 바뀌고 있지 않은가. 여성들의 가방, 사진틀, 액세서리, 전등갓 그리고 쓰레기통에 이르기까지 색채의 미학은 적용되고 있다.

이제 바야흐로 모든 제품이 다양한 색깔로 바뀐 것이다. 그렇다면 색깔이 제품의 판매를 좌우하는 것은 왜일까? 거기에는 충분한 이유가 있다.

녹색이나 파랑 계통은 사람의 마음을 안정시켜서 편안하게 하고, 시원한 느낌을 준다. 빨강 계통의 색깔은 사람의 마음을 강하게 끄는 한편 따뜻하고 부드러운 느낌을 준다. 또 핑크색은 식욕을 돋우고, 보라색은 잠이 잘 오게 하며, 노란색은 남의 눈에 잘 띄게 하는 등 저마다의 특징을 가지고 있다.

뿐만 아니라 색깔은 크기에도 영향을 미치고 있다. 검고 어두운 빛깔의 벽돌은 집이나 건물을 실제 크기보다 작게 보이게 한다. 차가운 색의 도배지는 방의 크기를 좁게 보이게 하지만 따뜻한 색깔은 넓게 보이게 한다.

반면에 검고 어두운 빛깔의 옷은 사람의 키를 크고 날씬하게 보이게 하나, 따뜻한 색은 작고 뚱뚱하게 보이도록 한다.

요즘처럼 다이어트에 관심이 많고 젊고 날씬하게 보이려는 여성들이 늘어가는 시대라면 색깔을 용도에 맞게 또는 미적 감각에 맞게 잘 선택해야 신제품 개발에도 성공할 수 있다.

사람들의 색깔을 .보는 안목도 높아져서 과거에는 무조건 화려하거나 단색계통 그리고 단순한 무늬의 색상을 좋아했다면 요즘에는 반대현상을 일으키고 있다. 색깔은 여러 형태의 제품을 실물 크기보다 크게 또는 작게 보일 수 있으므로 판매전략상 색의 선택이 매우 중요하다는 것도 염두에 두어야 할 것이다.

또한 단순한 색은 쉽게 싫증이 나지 않으나, 복잡한 색깔

발 명
발명
검정
노 랑
초 록
빨 강
보 라
파랑

은 쉽게 사람의 눈길을 끄는 반면 곧 권태를 느낀다.

색상은 그 기능도 다양해서 어린이나 노인들이 좋아하는
색, 남성이 좋아하는 색, 여성이 좋아하는 색이 있다.

제품을 만들어낼 때 소비자가 젊은층인가 노인층인가를 구
분하여 색깔을 입히는 것도 중요하다. 자동차의 예를 든다면
가장 먼저 시선을 끌기 쉬운 것은 색상, 그 다음이 모양, 그리
고 기능이라 해도 과히 틀린 말은 아닐 것이다.

"기왕이면 다홍치마"라는 속담이 있듯이 색깔을 소비자들의
기호에 맞추는 것 또한 기능에 못지않은 것이다. 큰 제품은 말
할 것도 없고 지갑, 벨트, 머리핀 같은 소품들에 있어서도 색
상은 매우 큰 영향을 미친다.

가령 책표지, 식탁보, 커튼의 색상과 모양, 그리고 화장실
변기 커버 하나에도 사람들은 신경을 쓴다. 특히 젊은 여성의
경우에는 더욱 그렇다. 그런데도 불구하고 시장에 나가보면 아
직도 그런 부분에 미흡한 점이 있는 제품들을 많이 발견할 수
있다.

끝으로 감각적으로 색을 구분하는 것과 색의 명칭에 대해
서도 알아보자. 어떤 문화권에서는 색을 나타내는 어휘가 몇
안 되는 데 비하여 다른 문화권에서는 매우 많은 어휘가 있다.
그러나 어휘를 사용하지 않고 감각적으로 색을 구분하는 양상
을 면밀히 분석한 결과 색에 대한 어휘의 많고 적음이 색채감
각에 영향을 주지 않는 것으로 밝혀졌다. 따라서 색은 어휘와
같은 인지적인 요인보다는 감각기제와 관련된 보다 원초적인
요인들에 의하여 결정된다.

어떤 학자가 최근 색채명명법에 의해 한국 사람들의 색채 구분경향을 연구했는데 모든 색을 기술할 수 있는 최소한의 색이 빨강, 노랑, 초록, 파랑, 보라의 다섯 색임을 밝혀냈다. 그는 이 다섯 가지 색을 한국인의 심리적 요소색으로 규정하고 있다.

한편 Hering은 사람들이 빨강, 초록, 파랑과 함께 노랑색을 순색으로 보며 노랑색 비슷한 파랑이나 초록색 비슷한 빨강색을 경험하지 못한다는 것에 착안하여 빨강-초록, 노랑-파랑의 두 대립된 색부호기제에 의해 모든 색이 부호화된다는 대립설을 내놓았다.

어찌 되었든 일반적으로 사람들은 옷을 하나 고르더라도 서로 더 잘 어울리는 색을 고르기 위하여 보색 대비, 혹은 순색, 같은 색 계통 등을 고려한다는 것을 중요하게 여겨야 한다.

지금은 따로따로가 아니라 전체적인 조화도 고려한다는 점에 착안해야 할 것이다. 예를 들면 집안 분위기를 생각하여 창틀은 무슨 색, 벽지는 어떤 색, 가구는 무슨 색 등으로 고려하여 장만한다.

더 세분화하여 말하자면 침대는 ○○, 커버는 ○○세트, 베개는 ○○ 등의 조화를 생각하므로 이런 취향들을 제품개발이나 생산에 적극 도입해야 할 것이다.

향기도 이용하라

"방랑 시인 김삿갓이 대동강 물을 팔아먹었다"고 해서 화제가 될 때만 해도 물을 사먹는 사람은 거의 없었다. 그런데 요즘은 어떠한가?

물은 말할 것도 없고, 공기, 흙, 모래, 자갈, 바위, 들꽃, 바위 심지어 향기까지도 팔고 사는 시대이다. 모든 것이 상품이고 자원인 셈이다.

주위를 둘러보면 더욱 그것을 확인할 수 있을 것이다. 냄새도 팔 수 있는데 무엇인들 못 팔겠는가?

실제로 미국 캘리포니아 주에서는 귤 향기를 팔고 있다. 물론 향기를 캔에 담아서 팔거나 하는 것은 아니고, 향기를 뿌려주는 서비스를 하는 것이다. 캘리포니아 주를 달리는 고속버스는 중유에 귤의 향료를 넣어 사용하고 또 차내에다 귤 향기를 뿌린다. 이러한 서비스는 귤의 생산지로 유명한 지역 특성을 살린 것이기도 하고, 과일 전문생산업체인 회사의 광고전략이기도 하다. 거리에 넘쳐흐르는 귤의 향기에 사람들은 그 회사의 과일을 생각하게 된다고 한다. 이 덕분에 그 회사는 판매량이 급증하였다.

이 또한 사람의 심리를 잘 이용한 결과라고 할 수 있다.

예를 들어 식욕이 없다가도 갈비집 앞에서 냄새가 솔솔 새어
나오면 갑자기 식욕이 동하는 것처럼 사람에게는 무의식적이나
본능적으로 냄새에 반응을 보이기도 하기 때문이다.

　미국 버몬트 주의 벌리판은 솔잎 향기를 이용하여 기업체
를 세웠다. 벌리판은 젊은 시절 병으로 요양한 적이 있었다.
그 곳은 소나무가 우거진 아주 아름다운 곳이었다.
　'정말 싱그러운 냄새군. 머리가 맑아지고 병까지 다 낫는
것 같아!'
　그는 특히 그곳의 소나무 향기를 좋아했다.
　'이 좋은 향기를 많은 사람들이 맡아보게 할 수는 없을까?'
　그는 요양소에서 건강을 회복하여 집으로 돌아온 후, 오랜
궁리 끝에 솔잎 향기가 나는 비누를 개발해냈다. 이 비누는 대
단한 인기를 누렸다.

　이제 점점 냄새에 대한 관심이 높아져가고 있다. 요즘에
고속버스를 타고 여행을 하다가 휴게소에 들러 화장실에 들어
가 보면 그 관심도를 알 수 있다. 향취가 가득하여 여행객들의
마음을 사로잡고 있기 때문이다. 이젠 오히려 향기가 없는 것
이 이상스럽게 여겨질 정도이다.
　향기 나는 인쇄잉크가 개발되기도 하고, 냄새를 종이에 입
히는 방법도 나왔다. 그뿐이 아니다. 향기 나는 양말, 향기 나
는 옷도 등장하고 있다.
　사람과 사람끼리 부대끼며 사는 세상에서 서로의 향취를
확인할 수 있다는 것도 그리 나쁜 일은 아닌 듯싶다. 과거 먹

고 살기에 급급했던 시절에는 땀냄새에 절은 옷도 역한 줄 모르고 살았지만 요즘 세태는 다르다. 땀 흘리는 것이 싫어서 3D 기피현상까지 두드러지는 시대인 바에야….

음식점에서는 일부러 구수한 냄새를 흘려 사람들의 마음을 사로잡아 자석처럼 끌어당긴다. 이제 냄새에 대한 연구개발은 필수적이다.

향기 나는 연필, 향기 나는 크레파스, 향기 나는 스케치북이나 책 등은 산만한 어린이를 책상 앞에 앉혀두는 데 한몫을 할 것이다.

유아기의 아동들에게 위험한 물건, 만져도 좋은 것 등을 냄새로 구분할 수 있도록 한다면 유아교육에 훨씬 도움이 될 것이다.

특히 요즘처럼 네티즌들이 많은 때, 장시간 컴퓨터 앞에 앉아 있는 그들을 위해 숲의 향기 그리고 싱그러운 풀냄새 등을 이용할 수 있는 사이트를 만들어 준다면 어떨까. 머리가 띵하고 눈앞이 침침해질 때 산에 올라갔다 온 듯한 상쾌함을 맛볼 수 있어 건강에 훨씬 도움이 될 텐데.

첨단 경보시스템에 대한 관심이 부쩍 늘어나고 있는 요즈음 냄새로 사람을 알아보는 장치도 개발되어 관심을 끌고 있다. 특히 출입문에서의 안전시스템은 사람의 지문이나 음성 또는 망막을 분석해서 등록된 사람이 아니면 출입을 거부하는 것이 최첨단으로 여겨졌는데 사람의 후각보다 월등히 발달한 컴퓨터 센서의 개발로 기존의 첨단제품과 성능을 놓고 자웅을 겨루게 된 것이다.

미국 보스턴에 있는 터프츠 대학의 화학과장인 데이빗 왈트와 신경과학의 존 카우어 교수에 의해 개발된 이 '예민한 코'는 섬유광학 센서와 신경 네트워크의 소프트웨어를 결합해서 여러 종류의 냄새를 분간해낼 수 있게 되었는데 10개의 센서가 독특한 배열을 이루어 여러 가지 다른 화학물질이 결합된 반응을 분석해서 1백만 개 이상의 물질을 분간해 낸다는 것이다.

특허로 등록된 이 시스템은 사냥개보다 더 민감하다고 하는데 출입문에서의 안전시스템에만 적용하는 것이 아니라 의료분야에도 무궁무진하게 적용할 수 있기 때문에 인류에 많은 혜택을 줄 것으로 보인다.

우선 환자의 숨이나 땀에서 일어나는 신진대사의 변화에 의해서 질병을 진찰할 수 있기 때문에 다른 어떤 의료기기보다 간단하다는 장점이 있다. 뿐만 아니라 기름유출을 탐지하거나 각종 유해물질의 누출을 조기에 발견할 수 있어서 대규모의 사고를 방지할 수 있게 되었다.

국내에서 세계 최초로 향기 나는 양복을 개발하여 화제가 된 사람이 있다. 패션계의 왕 발명가, 히트상품 제조기라는 별명을 가진 권혁호라는 남자다.

그는 특수 섬유소재를 이용한 전자파차단 양복을 국내 최초로 개발하였고, 재스민, 라벤더, 박하향 등이 흘러나와 머리를 맑게 해주는 향기 나는 양복을 세계 최초로 개발한 것이다. 또한 신진대사 촉진 기능이 있는 원적외선 양복까지 개발해냈다.

그는 이렇게 말한다.

"상식수준의 과학지식과 문제의식, 아이디어의 타당성과 반응을 예측할 수 있는 분석력과 추진력만 있으면 누구나 발명가가 될 수 있다."

특히 현대인들은 각종 공해와 소음 그리고 복잡함과 스트레스에 시달리고 있다. 물론 이런 때 복잡한 생활환경과 도시를 벗어나 산과 들, 시원한 강을 찾아가 머리를 식히고 향기로운 들꽃의 향취에 흠뻑 젖을 수 있다면 무슨 문제가 있겠는가.

그런데 도시인들에게는 그럴 만한 시간적 여유와 공간이 절대로 부족하다는 것이다. 이러한 때 향기가 상큼한 냄새 등을 이용하여 잠깐이라도 긴장을 풀 수 있게 해준다면 사람들의 건강에도 크게 좋을 것이다. 그리고 병문안을 갈 때나 거동이 불편한 환자들을 위해서도 향기개발은 필수적이다. 병실에는

향
기
발
명

꽃가루가 날리는 꽃이나 소재 등은 반입금지가 되고 있기 때문이다.

마지막 잎새라는 소설에서도 잎새 하나가 생명의 소중함을 일깨워주듯, TV를 켜는 순간 향긋한 풀내음이 나온다면 질긴 잡초의 생명력을 깨닫고 힘을 얻게 될지 누가 알겠는가.

하나님은 이 땅에 주실 수 있는 것은 모두 다 주셨다. 햇빛, 공기, 물, 나무, 꽃, 풀, 곡식 등…. 세상에 널려 있는 천혜의 자원들을 둘러보고 인간의 이로움을 위하여 개발할 수 있는 것들을 모두 다 찾아보라.

의외로 개발해야 할 것들이 많다는 것을 깨닫게 될 것이다. 갈수록 노령화시대가 되어 지하철을 타거나 거리를 걷다보면 노인들을 많이 대하게 된다. 노인들의 특징은 여러 가지가 있지만 그 중 하나가 노인 특유의 역한 냄새가 풍겨 옆사람에게 불편을 주는 경우가 많다는 것이다.

이런 문제들은 드러내놓고 말할 수는 없지만 그런 노인들을 위하여 향기 나는 반지랄지 옷 혹은 목걸이 아니면 틀니라도 개발된다면 노인들을 늘 마주 대하는 젊은 자식들에게 도움이 될 것이다.

어린 아기라면 대소변도 애교로 봐줄 수 있지만 성인들의 경우는 다르다. 치매 환자들을 위해 그리고 간호하는 간병인들을 위해 향기 나는 성인용 기저귀 같은 것도 개발만 된다면 사람들의 생활을 훨씬 활기차게 할 것이다.

아무튼 꿈같은 이야기이지만 실버산업 품목으로 향기도 이용해보자.

스스로 발명품이 되어 보라

영화 중에 몸속에 아주 미세한 칩을 넣어 그 캡슐을 타고 인체 내부의 구석구석을 여행하는 인체여행기가 있다. 참으로 신비스럽고, 또 재미도 있어 누구나 감탄하게 될 것이다.

요즘은 내시경으로 인체의 구석구석을 들여다보기도 하고, 내시경 수술도 할 만큼 의학이 발달되었지만 만약 문제가 발생했을 때 그 원인분석을 위해 사람이 직접 혈액을 타고 인체내부를 여행할 수 있다면 문제해결은 훨씬 쉬워질 것이다.

예를 들어 어떤 사람이 위가 아파 문제라고 한다면 인체내부로 들어가 혈액을 타고 위에 직접 가보는 것이다.

"위에 암 덩어리가 생식하고 있군. 이 나쁜 것들, 약을 받아라!"

"으아아악~."

우리 속담에도 "호랑이를 잡으려면 직접 호랑이굴에 들어가야 한다"는 말이 있듯이 어떤 문제를 풀고자 하면 직접 문제가 되어보는 것이 가장 빠른 해결책일 것이다.

일본의 깊은 산속에서 제재소를 경영하던 다구마는 아무것도 배운 것이 없는 무식한 사람이었다. 그러나 그는 이런 결점을 극복하고 성능 좋은 보일러를 발명하였다.

그가 발명에 성공한 비결은 간단했다. 그는 스스로 보일러가 되어 보았던 것이다.

"제발 그만둬요. 되지도 않은 일에 매달려서 시간 낭비하지 말아요."

다구마의 친구들과 친지들은 그의 연구를 극구 반대했다. 사실 그는 초등학교도 제대로 나오지 못했었다. 때문에 보일러 연구 같은 거창한 일은 그에게 어울려 보이지 않았다. 엄청난 연구비로 인해 그가 경영하던 제재소는 문을 닫아야 했다. 거기에다 막대한 빚까지 지게 되어 모든 상황이 다구마에게 불리하게 되었다. 그러나 그는 뜻을 굽히지 않았다.

'내가 보일러라면 어떻게 움직일까?'

그는 평소 뭔가 일이 잘 안 풀릴 때면 스스로 온갖 사물이 된 듯 가정하고 생각해보는 버릇이 있었다. 그래서 이번에도 자신이 직접 보일러가 되어서 생각해 보았다. 그러자 모든 문제점이 눈앞에 보이듯 확연히 드러났다.

'가열된 물은 올라가려 하고 냉각된 물은 내려가려 하는군. 둘이 서로 부딪쳐서 문제가 되는구나.'

일단 문제점이 드러나자 해결 방법은 쉽게 찾아졌다.

'맞아! 교통 순경이 교통정리를 하듯 내 보일러도 길을 나누어서 정리하는 거야. 차가운 물끼리 다니는 길, 뜨거운 물끼리 다니는 길을 정하는 거지.'

그는 곧바로 자신의 생각을 정리하여 새로운 보일러를 만들었다. 바로 이중 파이프를 도입한 보일러였다.

이렇게 탄생된 보일러는 종전의 것보다 몇 배나 효율이 높은 것이었다. 이것은 날개가 돋힌 듯 잘 팔려 나갔고, 그는 갑자기 유명인사가 되었다.

건물은 대개가 콘크리트로 이루어져 있는데 이 콘크리트는 가깝게는 몇 년, 멀게는 백여 년이 흐르면 자연적으로 갈라지고 부서진다는 결점이 있다.

콘크리트가 갈라지는 이유는 콘크리트 내에 작은 구멍이 생기기 때문인데, 이 콘크리트가 스스로의 문제점을 찾아 해결할 수 있는 방법이 개발되었다.

최근 미국 일리노이 대학의 건축학 교수인 캐롤린 드라이와 미시간 대학의 토목환경공학 교수인 빅터리에 의하여 개발된 수리할 수 있는 '생각하는 콘크리트'가 바로 그것이다. 이

스스로 생각하는 콘크리트를 발명함으로써 건물의 수명을 두 배 이상 늘리게 되었다. 생각하는 콘크리트의 원리도 알고 보면 간단하다.

여러 섬유 중에서 구멍이 많은 섬유를 골라내서 그 구멍에 접착제를 채우고 코팅하여 콘크리트에 골고루 섞으면 작업이 끝난다.

코팅된 섬유는 콘크리트가 갈라질 때 깨지게 되고, 그 속에 있던 접착제가 흘러나와서 콘크리트의 갈라진 부분을 메우게 되는 것이다.

이 생각하는 콘크리트는 또 섬유 속에 접착제 대신 부식을 막는 화학물질을 채우고 철재에 감싸주면 염분이 많은 도로나 바닷물이 있는 곳에서도 철근의 부식을 막을 수 있어서 건물이나 다리 등의 수명을 연장시켜 준다.

이 생각하는 콘크리트는 미국립과학재단의 전폭적인 지원으로 1차 연구를 끝내고 견본이 이미 만들어져 있기는 하지만 아직 보완적인 연구가 이루어지고 있기 때문에 끝나는 대로 상품화될 것으로 보인다.

어린이들의 교육과정 중에 '역할놀이'라는 것이 있다. 사자성어 중에 '역지사지(易地思之)'라는 말이 있듯이 입장을 서로 바꾸어 생각하는 것이다.

예를 들어 아버지와 아들, 남편과 아내, 혹은 선생님과 제자 사이에 갈등이 심화되어 서로 문제가 되었다고 가정하자.

아버지는 아들의 역할을 맡고, 아들은 아버지의 역할을 남편은 아내로 아내는 남편으로 선생님은 제자로 제자는 선생님

스스로
발명품이
되어 본다면??

이 되어 각각 맡은 일을 해보는 것이다.

아버지에게 불만이 많았던 아들이라면 아버지의 역할을 맡아봄으로써 아버지를 이해하고 스스로의 문제점을 깨닫게 될 것이다. 그리고 이렇게 말할 것이다.

"아버지, 아버지는 독선적이고, 자식을 사랑할 줄 모른다고 생각했는데 표현의 기술이 부족했을 뿐이라는 것을 알았어요. 이제부터는 좀더 다정하게 말씀해 주세요."

반대로 아버지 또한 이런 말을 아들에게 들려줄 수도 있을 것이다.

"아들아, 나도 너와 같은 시절을 겪었기 때문에 괜히 시간 낭비하지 말고 바른 길로 가게 하고 싶은 조급한 마음이 너에게 명령만 하고 잘못을 지적만 하게 되었구나. 미안해."

이렇게 된다면 실타래처럼 얽혀 있던 아버지와 아들의 마음은 슬슬 풀려나가게 될 것이다. 유행가 가사에도 "입장 바꿔 생각해 봐"라는 말이 있듯이 스스로가 상대방이 되어 보지 않고서야 상대방을 잘 알 수 없지 않겠는가.

그러므로 문제해결을 원한다면 스스로 문제 속에 들어가 보라는 것이다.

중고차를 사기 위해 자동차 매매시장에 가보면 새 차처럼 번쩍거리는 차들로 가득 차 있어서 사려는 사람은 어떤 차를 골라야 할지 몰라 애를 먹는 경우가 많다.

특히 운전 초보자나 자동차에 대한 상식이 부족한 사람은 그 정도가 더 심해서 새차 같은 차를 샀는데 새차값보다 더 많은 수리비가 들어갔다고 하는 경우도 종종 발생한다.

그런데 한 사업가가 이 문제를 해결하였다. 그는 스스로 발명품이 되어 어떻게 하면 중고차의 결함을 찾아낼 수 있을까를 연구한 것이다.

프로모터카 프로덕츠사의 존 판스타인이 사업가이고, '스포트 로트 오토바다 게이지'라는 이름의 발명품이 바로 중고차의 결함을 찾는 장치이다.

이 장치로 사고가 났던 차인지 아닌지를 금방 알 수 있고, 페인트칠을 두 번 이상 했는지도 금방 알 수 있다고 한다.

이 장치는 강력한 자석이 내장된 플라스틱 튜브와 숫자가 표시되는 계기판으로 구성되어 있다. 이렇게 자석을 그 주요 구성성분으로 만든 것은 페인트가 두껍게 칠해졌거나 찌그러진 부분을 눈가림으로 메운 곳에는 자석과 차체 간의 끄는 힘이 약해진다는 원리를 이용한 것이다.

의심나는 부분에 이 장치를 붙이고 힘껏 잡아당기면 숫자판에 숫자가 기록되면서 차체에서 떨어진다. 사고가 없었던 순수한 차체라면 자석이 잘 떨어지지 않아 숫자가 10을 가리키게 되고, 반대로 두 번 이상 페인트를 칠하거나 속을 메우면 자석이 쉽게 떨어져 낮은 숫자가 나오기 때문에 겉으로 보기에 멀쩡한 차라도 사고가 났었는지의 여부를 쉽게 판별할 수 있는 것이다.

앞서 말했듯이 모든 사물을 대할 때 역할을 바꾸어 문제 속에 들어가 보면 스스로 무엇을 어떻게 하는 것이 해결의 열쇠인지 쉽게 발견할 수 있을 것이다. 물건이라면 새로운 발명품을, 사건이라면 새로운 시도를 할 수 있을 것이다. 평소에 역할 바꾸기를 생활화하자.

모든 발명품의 주변을 살펴보라

어찌 보면 세상은 그 자체가 신비이다. 그 안에 살고 있는 인간의 구조는 더욱 그렇다.

열심히 배우고, 수수께끼를 풀어나가려 하지만 언제나 인간의 능력은 한계가 있고, 반면에 무한한 가능성을 지니고 있는 것이 또한 인간이기도 하다.

그런데 성경 창세기를 보면 말씀으로 세상을 지으시고, 흙으로 사람을 빚어 그 코에 생기를 불어 넣으니 생령, 곧 사람이 되었다는 기록이 그 의구심을 풀어준다. 즉 인간은 영적 존재인 것이다. 육신의 옷을 입고 있는 동안에는 스스로 날 수도 없고, 배고픔이나 추위나 질병에 무기력하게 무너질 수밖에 없지만 영혼은 어디든 갈 수 있고, 또 무엇이든 할 수 있다는 뜻이다. 그 영혼이 단지 육신이라는 그릇 안에 갇혀 있을 뿐이다.

새장의 새가 새장 밖으로만 나오면 마음껏 허공을 날 수 있는 것처럼 인간의 능력도 무한한 가능성을 갖고 있다. 예를 들면 육신은 지금 대한민국의 어느 한 지점에 머물고 있지만 이웃 나라 일본이나 중국, 유럽 혹은 미국까지라도 생각 속에서 얼마든지 왔다갔다할 수 있는 것이다.

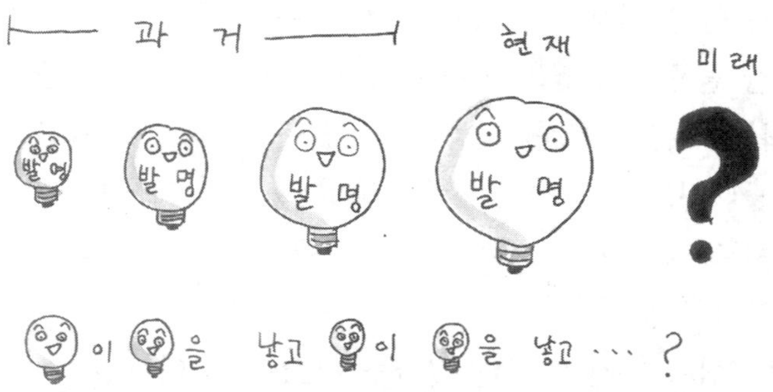

시트콤 「웬만해선 그들을 막을 수 없다」가 끝났지만, 그 제목처럼 육체가 생각을 가둘 수는 없다.

"발명되어야 할 것은 모두 발명되었다. 이제 더 이상 발명할 것은 아무것도 없다."

약 백여 년 전, 미국의 특허국장은 사임시에 이렇게 발명 시대의 끝을 예고했지만, 지금 생각해보면 얼마나 우스꽝스런 이야기인가.

발명은 끝말이어가기처럼 얼마든지 꼬리를 달 수 있는 것이다. 그런데도 특허국장이 그런 이야기를 한 것은 발명이 또 다른 발명을 낳는다는 진리를 몰랐기 때문일 것이다.

백여 년 전이라면 현대와 비교해서 기술적으로도 많이 낙후된 때였지만 그는 그 후로도 계속되는 발명사의 미래를 미처 깨닫지 못했던 것이다.

　　발명의 역사를 되짚어보면 한 사람의 힘으로 발명이 완성
된 적은 거의 없었다. 어떤 연구든 간에 이전의 사람들이 이미
발견하고 발명해 놓았던 것들을 토대로 이루어졌다.

　　산업혁명 이후에 제작된 거의 모든 기계에는 인류의 발명
중 가장 중요한 원리가 사용되었다. 바퀴 또는 축을 중심으로
회전하는 대칭적 부품이 들어가지 않은 기계는 상상하기 어려
울 정도이다. 시계 속의 작은 기어에서부터 자동차, 제트 엔
진, 컴퓨터 디스크 드라이브에 이르기까지 모든 것이 같은 원
리로 작동한다.

　　세계에서 가장 오래된 바퀴는 메소포타미아의 유적에서 발
굴된 전차용 바퀴로 기원전 3500년경의 것으로 추정되는데, 이
것은 통나무를 둥글게 자른 원판 바퀴이다.

　　그로부터 약 100년 후, 유명한 고대 우르 당국의 왕릉에서
는 영구차로 사용된 2륜차나 4륜차를 볼 수 있다. 이 무렵의
바퀴는 바퀴살이 없는 합판 바퀴로 보통 3장의 널빤지를 잘라
맞추어 가장자리를 둥글게 다듬고 여기에 2개의 가로막대를 박
은 것이었다.

　　바퀴테 둘레에는 가죽으로 만든 타이어를 못으로 고정시킨
흔적을 볼 수 있으며, 기원전 2000년경의 전차 바퀴에서는 구
리로 만든 테두리 쇠도 볼 수 있다.

　　기원전 2000년 이후, 비로소 바퀴살이 있는 바퀴가 발명되
었다. 합판 바퀴는 무겁고 조정하기가 힘들기 때문에 속력과
기동성을 고려해서 바퀴살이 있는 바퀴가 발명된 것이다.

　　바퀴살이 있는 바퀴가 맨 처음 나타난 것은 기원전 2000년
경, 북메소포타미아, 페르시아, 히타이트 등지이다. 그리고 기

원전 1600년경 히크소스인에 의해서 이집트로 전래되고, 기원전 1500년경에는 크레타와 미케네 등지에도 전래되었다.

바퀴의 원리는 간단하므로 어느 문명에서나 어느 정도 수준에 이르면 바퀴가 발명된다고 가정할 수도 있을 것이다. 그러나 꼭 그런 것은 아니다. 앞서 말했듯이 잉카, 아즈텍, 마야 문명은 고도의 발전을 이루었음에도 불구하고 바퀴를 발명하지 못했다.

서반구를 통틀어 유럽인과 접촉하기 전에 원주민들이 바퀴를 사용한 흔적은 찾을 수 없다. 유럽에서조차 바퀴는 17세기까지 그리 많은 발전을 하지 못했으나 산업혁명이 일어나자 바퀴는 기술적인 발전을 거듭하여 핵심적인 부품이 되었고, 헤아릴 수 없이 많은 기계에서 수천 가지 방법으로 사용되며 새로운 발명품을 탄생시켜 온 것이다.

이처럼 어떤 연구이든 이전 것을 토대로 새로운 발명품이 나타났다. 에디슨의 전구를 예로 들어보자, 어떤 사람은 이렇게 말할 수도 있다.

"에디슨의 전구는 완벽한 그의 발명품이 아닌가? 이전에 누가 그런 생각을 했단 말인가?"

그러나 과연 그럴까? 그렇다면 에디슨의 전구에 쓰인 유리도 에디슨이 만든 것인가?

빛에 대한 연구, 전기에 대한 연구 또한 모두 에디슨 스스로 한 것은 아니다. 모든 발명품이 앞서 예를 든 것과 마찬가지이다. 여러 기본적인 사실들이 재료가 되어 하나의 발명품으로 다시 만들어지는 것이다. 이러한 움직임에는 끝이 없다.

　고대인들이 번개를 보았을 때부터 전기는 인간을 매혹시키기에 충분했었다. 고대 그리스의 철학자 탈레스는 호박을 문지르면 정전기가 생긴다는 것을 처음 알아냈다. 그래서 영어의 전자(electron)라는 말은 고대 그리스어의 호박(elektron)에서 유래된 것이다.

　독일의 물리학자 오토 폰 퀴리케는 전기의 발생에 관한 실험을 하였고, 1729년에 영국의 물리학자 스테판 그레이는 전기의 전도성을 발견하였다. 그리고 미국의 정치가이자 발명가인 벤자민 플랭클린은 뇌우 중에 연을 띄운 실험으로 전기의 성질을 연구하였다.

　그러나 많은 양의 전류를 흐르게 하는 장치는 이탈리아의 알렉산드로 볼타에 의해 1799년경 발명되었다.

　화학에너지를 전기 에너지로 바꾸는 방법에 관한 볼타의 발견은 거의 모든 현대적인 전지의 기본이 되었다.

　볼타는 1793년 최초의 전지를 만들었다. 그는 자신의 발명품을 기둥전지라고 불렀으나 볼타전지라는 이름으로 더 잘 알려져 있다. 전위차와 기전력의 단위인 볼트는 그의 이름에서 유래된 것이다.

　프랑스의 물리학자 가스통 플랑트는 1859년 압축전지를 발명했는데 이것은 전기에너지를 저장하는 한 차원 높은 기술이었다. 이 화학전지는 액체를 전해액으로 사용하여 이동하기가 어려웠는데 프랑스의 조지 르클랑쉬가 건전지를 발명하면서 문제가 말끔히 해결되었다.

　건전지는 전극으로 눅눅한 반죽을 사용하므로 액체가 스며

가
가+나
가+나+다
가+나+다+라
가+나+다+라+마
가+나+다+라+마+바
가+나+다+라+마+바+사
가+나+다+라+마+바+사+아
발명

나오는 일이 없어 휴대하기가 쉽게 된 것이다.

오늘날 흔히 사용하는 알칼리 전지는 지금까지의 재료와 연구를 바탕으로 1914년 토머스 알바 에디슨에 의해 발명된 것이다. 알칼리 전지라는 이름은 전해액이 산성이 아니라 알칼리성이기 때문에 붙여진 이름이며 건전지와 마찬가지로 액체가 아니므로 가지고 다니기가 쉽다.

에디슨의 알칼리 전지는 또 다른 발명품에 이용되어 지금까지 헤아릴 수 없이 많은 새로운 발명품을 탄생시켰다.

'가'의 재료가 되었던 것이 '나'의 재료가 되고 '나'는 다시 '다'와 '라'의 새로운 바탕이 되는 것이다. 이 때문에 우선 주어진 지식들에 대한 끊임없는 연구가 필요하다. 이것은 책이라는 좋은 매체를 통해 이루어질 수 있다. 책을 통해 선조의 업적을 재발견하여 자신의 것으로 소화하라. 그러면 거기에 다른 것이 더해져서 전혀 새로운 발명품으로 탄생될 것이다.

인간의 역사란 신약성경의 한 구절에 나오는 이야기처럼 "ㅇㅇ가 △△를 낳고, △△가 ××를 낳고…"의 연속이라 해도 과언이 아니다. 인간이 존재하는 한 발명의 역사도 여전히 "낳고…낳고…"의 과거와 미래의 영속인 것이다.

백여 년 전에 그러했듯이 지금도 여전히 세상은 알 수 없는 것으로 가득 차 있다. 모든 것이 가능성인 것이다.

제3부 발명가의 사고

발명이 세상을 바꾼다 발명이 세상을 바꾼다 발명이 세상을 바꾼다 발명이 세상을 바꾼다

모방과 창조의 참뜻을 알라

미국의 강철왕 카네기는 인간을 실패의 함정으로 몰아넣는 10가지 장애물을 제시했는데 다음과 같다.

① 열등의식과 자기비하는 의욕을 저하시키는 독약이다.

② 항상 지름길만을 선택하려는 사람은 반드시 낭패를 당한다.

③ 타인과 환경에 책임을 전가하면 신용마저 잃는다.

④ 목표가 불분명하면 고생에 비해 성과가 적다

⑤ 독창력이 없이 남을 모방하면 잘해야 2등일 뿐이다.

⑥ 과거에 연연하는 사람의 앞길은 점점 암울해진다.

⑦ 시작도 빠르고 포기도 빠른 사람은 공연히 주변 사람에게 피해만 준다.

⑧ 판단력이 없으면 괜한 시간만 허비한다.

⑨ 치밀한 계획이 없이 무모하게 뛰어드는 것은 맨손으로 불 속에 뛰어드는 것과 같다

⑩ 실패한 후에 교훈을 얻지 못한 사람은 또 실패한다.

위에서도 제시했듯이 '모방'이라는 말은 우리의 정서에도 그다지 좋은 뜻으로 통하지는 않는다. 모방이란 왠지 창조적 정신이 부족하다는 뜻으로 통하고, 간사하거나 비겁하다는 느

낌마저 들게 한다. 물론 모방이라는 말뜻에 이런 의미들이 전혀 포함되지 않은 것은 아니다. 하지만 그보다 더 많은 창조의 뜻이 숨어 있음을 알아야 한다.

우리 속담에 '부전자전'이라는 말이 있듯이 자식은 아버지를 닮아간다. 즉 부모를 모방하게 된다는 말이다. 말투, 걸음걸이, 심지어 손으로 등짐을 지거나 이쑤시개로 이를 후비는 것까지 흉내내며 어른이 된다.

인간의 성장과정 중에 모방의 기회는 부모로부터만 이어지는 것은 아니다. 어린이에게 마이크를 들이대고, "너 커서 뭐가 되고 싶니?"하고 물어보라. 십중팔구는 "선생님"이라고 대답할 것이다. 즉 선생님, 교사는 어린이의 좋은 모델이 되는 것이다.

예를 들어 글자를 모르는 유아기 어린이가 선생님이 칠판에 쓴 글자를 모방하는 것을 시작으로 언어를 습득한다. 글자는 말할 것도 없고, 동작, 율동, 노래 그리고 점점 자람에 따라 수학, 영어를 배운다. 그러나 그런 과정에서 '혼자서도 잘할 수 있게 되고' 더 성장하여 어른이 되면 스스로 진로를 결정한다.

결국 성장기의 선생님을 모델로 삼아 장성하면 자기가 모방하기를 좋아했던 선생님보다 더 훌륭한 선생님이나 인간이 되는 것이다.

이처럼 모방은 창조의 기초가 된다. "모방하지 못하는 자는 창조도 못한다"는 말이 있듯이 인간의 역사는 모방의 연속인 셈이다.

자신이 알지 못하는 새로운 것을 보면 그것이 지식이든 태도이든 삶의 방식이든 물건이든 흉내내려고 애를 썼다. 가정에서는 물론이고 나아가 한 부족에서 철검을 만들면 다른 부족에서도 만들어냈다. 이렇게 이어지는 모방의 연속은 그것을 개선하고 발전시키려는 노력과 함께 창조로 이어지는 것이다.

서양의 식탁에서 빼놓을 수 없는 포크는 '화살에서 비롯된 것'이라는 말도 있듯이 모방은 새로운 창조물의 기제가 되기도 한다.

파커의 만년필도 당시 유행하던 '유선형'을 모방한 것이었다. 루드의 독특한 콜라병 디자인은 애인의 주름치마에서 모방한 발명품이다. 빙글빙글 돌아가면서 붕어빵 등 각종 음식을 구워내는 헨리의 회전구이기구는 식당의 회전원판을 모방한 것

이었다.

　모방을 이야기할 때 빼놓을 수 없는 나라가 일본이다.
　일본 최대의 전기제품업체인 마쓰시타 그룹의 창업자 마쓰시타 쿄노스케는 초등학교를 중퇴한 발명가였다. 세계 전역에 많은 계열회사를 거느린 마쓰시타 그룹은 파나소닉, 내셔널, 테크닉스 등 세계적인 상표로 1만 4천여 종의 각종 아이디어 제품을 생산하고 있으며, 연간 매출액은 수조 엔에 달한다. 이 엄청난 재벌 그룹의 시작도 모방에서 시작되었다.
　마쓰시타는 초등학교 4학년 때 부친이 사업에 실패하자 학업을 중단하고 오사카에서 견습 점원으로 사회생활을 시작하였다. 화로가게와 자전거포, 전구회사 등에서 10여 년 간 일한 끝에 그는 처음으로 2평짜리 점포를 마련했다. 그는 자신의 점포에 진열된 소켓을 보면서 새로운 아이디어를 떠올렸다.
　'이 소켓을 쌍 소켓으로 만들면 매우 편리하겠구나.'
　그는 곧 제품을 만들어 특허출원을 마치고 오사카에서 제일 큰 전기제품 회사를 찾아갔다. 마쓰시타 그룹이 잉태되는 순간이었다. 그 성장 속도는 전세계의 화제가 되었는데 그 사이 마쓰시타는 세 발 달린 휴대용 라디오, 세탁이 끝난 시간을 알려주는 자명종이 붙은 세탁기, 직입식 코드 등 수많은 발명품을 선보였다. 물론 그의 발명품들은 모두 히트했다.
　어떤 물건이든 마네시타의 손만 거치면 새롭게 개량되어 출원이 가능했다. '마네'라는 말은 일본어로 '모방'이라는 뜻으로 마쓰시타는 모방을 천재적으로 잘 한다 하여 '마네시타'라는 모방기업이라고 불릴 정도였다. 심하게는 마쓰시타의 신제품 개발부는 남의 회사제품을 분해해서 알아내는 분해부라고 조롱을 당하기도 하였다.

하지만 여기서 우리가 놓쳐서는 안 되는 부분이 있다. 마쓰시타를 마네시타라고 부르고, 일본을 산업스파이 왕국이라고 부르는 그 조롱 속에는 일부 부러움의 뜻도 담겨져 있는 것이다. 일종의 시샘어린 투정이라고나 할까?

"세상에, 우리 제품을 저렇게도 만들 수 있구나!"

"우리가 저것을 만드는 데 10년이 걸렸는데 일본은 단 일주일 만에 그것을 소화해 냈어!"

이런 찬사들이 그들의 경멸과 조롱 섞인 말 속에 숨어 있는 것이다. 어쨌든 일본은 모방의 묘미를 최대한 살린 나라이다.

그렇다고 무조건적인 모방이 옳다는 것은 아니다. 인기에 편승하여 똑같게만 만드는 것은 패망의 지름길이다. 일본도 무조건적인 모방은 철저하게 비난했다. 모방을 하되 새로운 것을 덧붙여 자신의 것으로 재창조하는 작업을 절대 잊어서는 안 된다. 일본이 경제대국으로 부상할 수 있었던 비결이 바로 여기에 있다.

병이 난 스즈키 에이치 소년은 아버지 시카에에게 이끌려, 일본 교토시의 마루야마 공원으로 산책을 나갔다. 소년의 나이 12살 때였다. 공원에서는 소년들이 그 시절에 미국에서 건너온 야구를 하고 있었다.

그런데 연식 정구공을 쓰고 있어서 배트로 힘껏 때려도 좀처럼 공이 멀리 날아가지 않았다. 휙 솟았다가도 바람이라도

모 방
창
조
재
창
조

불어오면 거꾸로 날아오는 형편이었다.

　　에이치 소년은 아버지와 의논하여 멀리까지 날아가는 공을 연구하기 시작했다. 그러던 어느 날, 에이치는 아버지가 신고 계시는 고무장화의 바닥에 눈이 갔다. 매우 두텁고, 들쑥날쑥 홈이 파여져 있었다.

　　'그렇다. 이것으로 공을 만들면 틀림없이 멀리 날아갈 거야.'

　　에이치는 결국 두꺼운 고무에 겉에는 홈이 파인 소년 야구용 공을 만들었다.

　　그 후로 일본의 야구가 왕성하게 된 것은 에이치 소년이 만든 공도 좋았기 때문이고, 그 때문에 소년들의 야구가 왕성해져서 뛰어난 선수가 많이 나왔기 때문이라고 한다.

　　여성에게 있어 생리란 없어서는 안 되는 귀중한 손님이지만 귀찮고 불편하기도 한 애물단지이다. 이 생리의 공포로부터 지구촌 여성들을 해방시킨 사람이 일본의 사카이 다카고 여사이다.

　　그녀는 흡수성이 강한 종이로 '안네'라는 생리대를 처음 발명했다. 그런데 그 생리대를 모방한 새로운 발명품이 얼마나 많이 쏟아져 나와 인기를 끌고 있는가. 유아용 기저귀, 치매에 걸리거나 수술환자들의 성인용 기저귀, 그리고 날개달린 생리대 등 헤아릴 수 없이 많은 모방품이 새롭게 변신하여 세상에 나와 있다. 모두 없어서는 안 될 생활필수품이 되어 있다. 진정한 모방과 창조의 참뜻을 알자.

거리의 아이디어도 잡아라

요즘 사람들은 스포츠에 매우 관심이 많다. 그 중에 테니스를 예로 들면 흔히 말하기를 테니스란 처음에는 공을 팔로 치고, 다음에는 발로 치고, 그 다음에는 머리로 친다고 말한다.

같은 예를 들자면 어떤 새로운 제품을 만드는 발상과정도 처음에는 손으로 만들고, 다음에는 발로, 그 다음에는 머리로 만든다는 말이 옳은 것 같다.

사람들은 흔히 생각하기를 의자에 깊숙이 앉아 골똘히 생각만 하면 새로운 아이디어가 떠오르는 것으로 착각한다. 그러나 실제로 새로운 아이디어를 만들어내기 위해서는 과정 초기부터 손발이 먼저 앞장을 서야 한다.

다시 말하여 아이디어를 만들기 위해서는 먼저 자료수집이라는 중요한 과정을 꼭 거쳐야 한다는 것이다. 예를 들어 새로운 아이스바를 만들고 선전하기 위해 참신한 선전문구를 작성한다고 해보자.

그 아이스바를 먹어보지도 않고 책상 앞에 앉아 있기만 하면 좋은 아이디어가 떠오를까? 결코 그렇지 않을 것이다.

높은 홍보효과를 내기 위해서는 우선 소비자의 취향을 알아야 한다. 따라서 소비자들의 욕구를 조사하고, 종전에 있었던 선전문구들을 재점검하기도 해야 한다. 그러기 위해서는 먼저 손쉬운 자료를 구하고, 다음에는 발로 직접 뛰어 다니며 조사하는 수밖에 달리 방법이 없다.

이러한 조사 작업이 끝난 후에 비로소 조사 자료를 토대로 한 새로운 창작 작업이 머리에 의해 시작되는 것이다. 이런 과정은 단지 아이스바의 선전에만 해당되는 것은 아니다. 스포츠에서부터 발명에 이르기까지 크고 작은 모든 일에 적용되는 법칙인 것이다.

한껏 밝고 산뜻한 거리 풍경을 연출하는 데 앞장서고 있는 미니스커트.

여성이라면 누구나 한 번쯤은 말끔하게 뽑아 입고 숨겨진 각선미를 마음껏 뽐내고 싶게 하는 이 첨단 의상은 스커트 문화에서 공전의 히트를 기록한 대표적인 의상혁명으로 꼽힌다.

이 기발한 아이디어가 탄생하기 전까지의 과정을 살펴보자.

영국의 의상디자이너 메리 퀸트 여사는 1960년, 새로운 의상을 선보이지 위해 연구를 하고 있었다.

'여성들이 가장 좋아하는 옷은 어떤 스타일일까?'

그녀는 우선 수천 장의 디자인을 만들어 보고, 그 중 몇 가지를 골라 시장에 내놓았으나 반응은 신통치 않았다.

오랜 연구가 별다른 효과를 내지 못하자 그녀는 깊은 생각에 잠겼다.

'여성의 아름다움의 포인트는 얼굴, 다음은 윤곽이 뚜렷한 가슴과 엉덩이 그리고 두 다리의 각선미….'

여기까지 생각한 퀀트는 남성심리까지도 분석하였다.

'아찔하게 짧은 스커트로 다리 곡선과 엉덩이를 부각시킨다면 어떨까?'

당시만 해도 여성들이 무릎 위 허벅지를 드러낸다는 것은 상상도 할 수 없는 시대였기 때문에 그것은 대단한 모험이었다. 그러나 아름다움은 자랑스럽게 공개되어야 한다는 데 생각이 미치자 과감하게 미니스커트를 선보였다.

예상대로 처음에는 미풍양속을 해친다는 항의가 빗발쳤으나 그것도 잠깐, 폭발적인 인기는 단숨에 영국 전역을 휩쓸었다. 이어 전세계를 강타하자 '신사의 나라'에서 해괴한 옷이 이상한 바람을 일으켰다고 질타하던 영국 정부까지도 입이 딱 벌어지는 인기와 수출고를 인정, 퀀트 여사에게 훈장까지 수여하였다.

갓난아기의 기저귀 여밈에서부터 시계 밴드, 허리띠, 운동화 끈, 주머니 덮개, 기차의 좌석커버, 가방, 우주복에 이르기까지 폭넓게 사용되는 매직테이프.

이 아이디어로 스위스의 도메스트럴은 세계 1백대 기업 중의 하나인 '벨크로사'를 탄생시켰다.

애당초 기술자가 되고 싶어했던 도메스트럴은 취미로 시작한 사냥에 빠져 여느 때처럼 사냥개와 함께 산으로 갔다. 산토끼를 발견한 사냥개가 앞장서 달리자 정신없이 뒤따라가던 그는 그만 우거진 숲 속으로 뛰어들게 되었다.

사냥을 마치고 숲에서 나온 그의 옷에는 여기저기 산우엉 가시가 더덕더덕 붙어 있었다. 옷을 벗어 털어보았으나 가시는 좀체 떨어져 나가지 않았다.

집으로 돌아온 그는 확대경으로 산우엉 가시를 살펴보았다. 그리고 갈고리 모양의 가시를 보자 그의 머릿속으로 새로운 아이디어가 빠르게 스쳐 지나갔다.

'아, 이거다!'

그는 곧바로 한 쪽에 갈고리가 있고, 다른 쪽에는 걸림고리가 있는 테이프를 만들어 서로 붙여 보았다. 그의 예상은 적중했다. 양쪽 면이 서로 닿는 순간 철컥 붙었다가 약간의 힘을 가하면 '지직' 소리와 함께 떨어졌다. 신기하고 편리한 매직테이프가 탄생된 것이다.

이처럼 손발을 동원하여 모아둔 자료들을 재정리하고, 또 다른 각도에서 보는 시각 또한 매우 중요하다. 언뜻 보거나 대충 보면 오래되고, 케케묵은 소재가 잘 보면 좋은 재료로 둔갑

아이디어
저 아이디어를
잡을 수만 있다면...
??

하는 일이 있기 때문이다.

거리로 나가 새로운 자료들을 모았으면 기억 속의 자료들을 꺼내어 다시 닦아야 한다. 그러면 미처 발견하지 못한 진주들을 발견하게 될 것이다.

한 평범한 주부가 아들 둘을 데리고 공원을 산책하고 있었다. 그런데 아들이 쓴 모자가 바람에 날려 자꾸 벗겨졌다. 주부는 그것이 안타까웠다.

'바람이 불어도 벗겨지지 않는 모자는 없을까? 모자에 신축성 고무밴드를 부착하면 될 텐데…'

주부는 집에 돌아와 직접 모자를 만들어 보았다. 그리고 이 상품을 들고 여러 회사를 찾아다녔다. 그러나 한결같이 실망스러운 대답을 들었을 뿐이다.

"그 정도의 아이디어는 누구나 갖고 있어요. 집에서 살림이나 잘 하세요."

그녀는 절망하지 않고 상품의 특허출원을 신청한 후 '바람에 날리지 않는 모자'를 생산하는 회사를 설립했다. 주부는 돈방석 위에 앉게 되었다.

세상은 자꾸 변한다. 그러므로 현재에 만족하고 변화에 편승하지 못하는 사람은 결국 도태되고 만다.

직접 발로 뛰며 새로운 것을 느끼고 동화하라.

거리에는 주인을 기다리는 새로운 아이디어들이 지천으로 깔려 있다.

비록 평범한 주부일지라도 아이디어를 잡았을 때 인생이 변화된 것처럼 승리한 당신의 모습을 볼 수 있을 것이다.

발명의 시기도 생각하라

"세인요세출"이라는 말이 있다. 사람도 때를 잘 만나야 출세할 수 있어서 아무리 훌륭하고 똑똑한 사람이라도 때를 잘못 만나면 대중의 지지를 받을 수가 없다. 이것은 이미 역사가 증명하는 바이다.

발명이 성공하는 것도 마찬가지이다.

자신의 발명품이 대중의 지지를 받고 인기를 끄는 성공작이 되게 하고 싶다면 대중의 심리에 편승하여 발명을 하라는 말이다. 발명이 성공하려면 현재보다 딱 한 발만 앞서야 한다. 뒤로 쳐지는 것은 물론이고, 너무 앞서는 것도 대중에게 외면당하기 십상이다.

대중은 유행을 따르는 심리도 갖고 있지만, 습관을 깨뜨리거나 변화하는 것을 몹시 싫어하는 심리도 갖고 있기 때문이다.

저 유명한 '유전의 법칙'의 발견자 멘델은 유전학에 있어서 성전과도 같은 법칙을 정리해 냈지만 너무 시대를 앞지른 탓에 살아 생전에는 어떠한 영예도 얻지 못하였다.

그의 유전법칙이 세상에서 인정을 받기 시작한 것은 그가

죽은지 무려 30년이 흐른 후였다.

멘델의 유전법칙을 재발견한 사람은 네덜란드의 식물학자 드프리스였다. 그는 우연한 기회에 얻은 멘델의 팜플렛을 통해 유전의 법칙을 알게 되었고, 이것을 학계에 발표함으로써 세계적인 명성을 얻게 되었다.

결국 최초로 법칙을 발견한 사람은 너무 이르다는 이유 때문에 외면당하고, 발표자에 지나지 않는 사람이 그 발표 시기가 적절하여 오히려 명성을 얻게 된 것이다.

이러한 예는 얼마든지 있다.

요즘 가방, 의상, 신발, 지갑, 필통 등 사용되지 않는 것이 거의 없을 정도로 다방면에서 사용되고 있는 지퍼는 1893년 지트슨이라는 사람이 처음 발명했다. 그러나 그 지퍼가 제대로 사용되기 시작한 것은 1921년 굿리치 회사가 지퍼를 점퍼에 붙

여 상품화하면서부터이다.

지퍼달린 점퍼가 판매되기 시작하자 온 미국으로 '지퍼'가 불붙은 듯 퍼져나가 유행하기 시작했던 것이다.

요즘 우리나라의 거리에서도 폭주족이 질주하는 바람에 골머리를 앓게 되었다.

사람이 갈 수 있는 길이면 어느 곳이든 신속하게 달려갈 수 있어 순찰, 배달, 출퇴근 등에 적격인 오토바이의 발명가는 고트리트 다이믈러이다.

가난한 빵집의 아들로 태어난 다이믈러는 제빵기술을 배워 대를 이을 것을 강요하는 아버지의 성화에도 불구하고, 기계에만 정신이 쏠려 있었다.

디아믈러가 오토바이에 처음 관심을 갖게 된 것은 1872년.

그는 니콜라우스 오토라는 기계기술자를 만나 함께 일하고 있었는데, 그 무렵 오토가 4사이클 고정 내연가스 엔진을 개발하고 있었다. 이에 자극을 받은 디아믈러는 자신도 자동 2륜차 연구에 전념하기로 했다. 그는 오토의 엔진을 분석하여 이것보다 뛰어난 내연기관을 만들겠다고 결심한 것이다.

그로부터 끙끙 앓는 세월이 몇 개월인가 흐른 후, 그는 그동안의 연구결과를 정리하며 희망에 부풀었다.

"그렇다. 연료는 석탄가스 대신 석유 증기를 쓰고, 점화는 영구불꽃 대신 공기식 점화장치를 쓰는 거야."

디아믈러의 생각은 적중하여 오토의 특허를 교묘히 피하면서 성능은 오히려 앞선 내연기관 개발에 성공했다. 내연기관 발명에 이어 디아믈러는 자동 2륜차(오토바이)가 시골 우체부에게는 최고일 것이라고 생각했다. 그러나 우체국에서는 거들떠 보지도 않아 무용지물이 되고 말았다.

이 오토바이가 진가를 발휘하기 시작한 것은 제1차 세계대전을 전후해서 헌병 및 연락병용으로 채택되면서부터이다. 무엇보다 값이 싸고 주행비용이 저렴하다는 점에서 자동차의 인기를 앞지르고 오토바이 문화시대를 활짝 열었던 것이다.

라디오에서 '자동선국'이라는 말로 설명되는 기능이 있다. 보통의 라디오는 바리콘을 돌려가며 방송을 선택하는 반면 자동선국 장치가 붙은 라디오는 버튼만 누르면 MBC, KBS, CBS 등이 저절로 나온다. 지금은 이런 장치가 있는 라디오가 많이 나오며 대부분 고가품으로 인식되고 있다. 그런데 정작 이 발명품은 사용되기 수년 전에 발명되었던 것이다. 그 동안 찬밥 신세를 면치 못하다가 라디오의 소형화 추세에 발맞추어 빛을 보게 되었다.

이처럼 시기를 적절히 맞추지 못하여 발명 후에도 어둠 속에서 낮잠을 자는 발명품이 있는가 하면 시기를 적절히 잘 맞추어 크게 성공한 경우도 많다.

인류의 역사상 20세기처럼 많은 변화와 발전을 가져온 시대는 없었는데, 그 중에서도 발명은 인류의 의식주에 엄청난 발전을 가져다 주었다.

특히 일상생활에 없어서는 안 될 중요한 역할을 하는 유리는 20세기에 들어서면서 빠른 발전을 거듭하였는데 그 발전의 이면에는 믿기 어려운 일들이 많다.

안전유리를 발명한 프랑스의 과학자 에두아르 베네딕투스의 이야기가 바로 그것.

베네딕투스는 틈만 나면 거리를 거닐며 사색에 잠기는 버릇이 있었다. 그러던 어느 날, 베네딕투스는 우연히 자동차 충돌사고를 목격했다.

"꽝"하는 순간 두 자동차의 유리창은 박살이 나고, 날카로운 유리조각으로 차에 타고 있던 사람들은 온통 피투성이가 되었다.

'저럴 수가?'

순간 베네딕투스는 몇 년 전에 자신이 연구했던 셀룰로이드에 관한 실험을 생각했다. 그는 큰 기대를 가지고 어떤 충격에도 박살나지 않는 유리 연구를 시작했다. 그러나 온갖 노력을 기울였음에도 그는 결국 실패하고 말았다.

그러다가 15년의 세월이 흐른 어느 날, 고양이가 베네딕투스의 실험실을 돌아다니다 선반 위의 플라스크를 땅에 떨어뜨렸다. 고양이를 내쫓은 베네딕투스는 깨진 플라스크를 치우려다 말고 놀라운 광경을 목격하게 되었다. 산산조각이 났어야 할 플라스크가 풀로 붙여놓은 것처럼 금만 간 채 모양은 그대로 있는 것이 아닌가.

'세상에 이럴 수가?'

베네딕투스는 놀란 가슴을 달래며 조심스럽게 플라스크를 집어들었다. 그리고 15년 전에 붙여 두었던 라벨을 보고서야 그 플라스크 속에 셀룰로이드 용액을 담아두었던 기억을 떠올렸다.

'그러니까 셀룰로이드 용액이 이 속에서 말라 얇은 막을

발명의 시기
야호!!
이 때를
얼마나 기다렸는지
몰라!!
발
명

만든 것이고, 유리조각이 막에 달라붙어 박살이 나지 않은 것
이군.’

베네딕투스는 안전유리에 관한 연구를 다시 시작했고, 연
구는 일사천리로 진행되었다. 그는 두 장의 유리판 사이에 투
명 셀룰로이드 막 한 개를 넣어 ‘트리플렉스’라고 이름지었다.
이 트리플렉스는 자동차의 유리창은 물론이고 여러 용도로 쓰
이며 인류문화 발전과 함께 인간의 안전에 크게 기여하게 되었
다.

베테딕투스가 부와 명예를 거머쥔 것은 말할 것도 없다.

미국의 양치기 소년 조셉이 철조망을 발명한 것은 너무나
유명한 이야기이다.

조셉이 가끔 딴전을 피우다 보면 양들이 울타리를 타고 넘
어 이웃집의 콩밭을 망가뜨렸고, 그 때마다 소년은 주인에게
심한 꾸중을 들었다.

‘어떻게 하면 양들이 울타리를 못타 넘게 할 수 있을까?’

소년이 궁리 끝에 어느 날, 가만히 살펴보니 양들이 뛰어
넘는 곳은 철사만 둘러친 울타리 쪽이었다. 가시 돋힌 덩굴장
미가 있는 울타리는 넘지 않았던 것이다.

양들의 습성을 알아낸 조셉은 대장간을 하고 있는 아버지
를 찾아갔다.

“아버지, 양들이 못 타 넘도록 철사 울타리를 장미가시처
럼 만들어 주세요.”

아버지는 다음날, 곧 목장에 나가 조셉의 말대로 철조망을
만들어 준 것이다.

이 철조망이 처음에는 울타리에 사용되어 도둑을 막는 데 사용되었으나 때마침 제1차 세계대전이 일어나자 각국에서 군용으로 사용하게 되어 폭발적인 인기를 누린 것이다.

특허로 15년간 독점 보호받는 동안 조셉 부자가 받은 권리금은 미국에서도 이름난 회계사 11명이 1년 걸려도 재산을 다 계산하지 못했다고 한다.

성공하고 싶다면 우선 현실을 파악하라. 무엇이 꼭 필요한가를 확실하게 꼬집어 낼 수 있다면 조셉처럼 아주 작고 간단한 변화로도 크게 성공할 수 있을 것이다.

발명의 얼굴도 생각하라

발명의 종류는 세 가지로 분류되는데 이것을 발명의 얼굴이라 할 수 있다.

첫 번째의 얼굴은 '착상 발명'이다.

착상 발명은 구조가 매우 단순하기 때문에 초보자의 영역으로서 다루기 쉬울 뿐만 아니라 제조 공정도 간단하기 때문에 상품화도 쉽다.

착상 발명을 예로 들어보자

미국의 소년 필립은 가난한 살림으로 인해 중학교를 중퇴한 후 교장 선생님의 추천을 받아 전파상에서 일하게 되었다. 소년은 견습공이어서 기술자에게 꾸중을 들을 때도 많았지만, 재능 있는 일류 기술자가 되어 자신의 전파상을 경영해보는 꿈을 안고 열심히 기술을 익혔다.

그런데 그가 견습공의 역할을 다하고 직공이 되었을 때, 시간이 흐르면서 고민거리가 하나 생겼다. 고장 난 라디오를 수리하려면 라디오에 박혀 있는 일(1)자 나사못을 빼야 하는데 어떤 것은 잦은 수리로 1자 홈이 망가져 버려 애를 먹게 했던 것이다.

'아휴, 이걸 또 어떻게 빼나?'

이런 때는 보통 라디오 수리시간보다 몇 배의 시간이 더 소모되었다. 필립의 머리에는 온통 1자 나사못에 대한 생각으로 꽉 차 있었다. 그러던 어느 날, 고장 난 라디오를 앞에 두고 한참을 바라보던 필립은 망가진 1자 나사못 위에 가로로 새로운 홈을 팠다. 그러자 새로 판 홈 덕분에 나사못을 쉽게 빼고 박을 수 있었던 것이다.

새로 홈을 판 나사못을 드라이버로 돌려 박던 필립은 기발한 아이디어를 떠올렸다.

'그렇다. 십(+)자 드라이버.'

이렇게 간단한 아이디어로 십자드라이버가 탄생된 것이다.

1923년, 미국의 조그만 공장에서 청년 루드는 유리병을 만들고 있었다. 그 무렵 유리병은 젖었을 때 미끄러져 잘 깨졌다. '젖었을 때에도 잘 미끄러져 떨어지지 않는 병은 없을까?' '병에 든 것이 많이 들어 있는 것처럼 보이게 하려면 어떤 모양의 병이 좋을까?'라는 두 가지의 요구가 주어졌다.

때문에 루드는 벌써 몇 가지를 몇 번이나 만들어서 부수고, 또 만들던 중이었다.

그러던 어느 날, 그의 여자 친구가 찾아왔다.

"루드, 안녕?"

"응, 어서 와. 오늘은 더 예뻐 보인다."

애인의 모습을 자세히 살펴보던 루드는 여자친구가 그 무렵 유행하던 주름치마를 입고 있는 것을 알았다. 이 치마는 무릎 있는 곳이 좁기 때문에 걷기 힘들었으나 엉덩이의 선이 아름다워서 여성들에게 대단히 환영을 받고 있었다.

루드는 곧 애인의 궁둥이 부분을 묘사하고, 치마의 모양을 병에 재현시켰다. 그는 이 병을 가지고 코카콜라사를 찾아갔다.

이렇게 탄생된 것이 세계적으로 유명한 코카콜라병이다. 루드의 성공담이 알려지면서 미국인들은 코카콜라병을 손에 쥘 때마다 '나도 한 번 발명해 보자'는 야망에 부풀었다고 한다.

이 밖에도 철조망, 지우개가 달린 연필, 주전자 뚜껑의 삼각구멍, 세탁기의 실밥제거구 등 간단한 아이디어에 의한 것들이 '착상 발명'이다.

두 번째 발명의 얼굴로는 '과학적 발명'을 들 수 있다. 과학적 발명은 과학의 원리를 교묘하게 응용한다든지 복잡한 메커니즘을 조합한 것이다.

컴퓨터는 사람이 입력해 놓은 프로그램에 따라 자동으로 주어진 자료를 읽고 기억하며 계산, 분류, 집계하고 그 결과를 인쇄하는 전자장치이다. 컴퓨터는 '계산기'를 뜻하는 말로 엄밀히 말하면 '전자계산기'라고 해야 할 것이다.

미국의 매사추세츠 공과대학 교수였던 로버트 워너는 수학자였다. 워너는 어느 날, 모든 교수들의 연구실을 찾아가 말했다.

"이제부터 우리 모두 문을 열고 나와 한 곳에 모입시다. 그래서 모두의 지혜를 한데 모아 봅시다."

그래서 매사추세츠 공과대학의 교수들은 한 자리에 모이게 되었다. 그들은 인간의 뇌의 작용에 대한 토론을 벌일 것을 합의하고 편한 자세로 앉았다. 전기공학자, 생리학자, 물리학자 등이 모두 얼굴을 맞대고 앉아 서두를 꺼냈다.

이 일은 제2차 세계대전 중의 일이었다. 그 무렵 미국은 일본 비행기의 폭격에 대처하기 위하여 속을 썩고 있었다. 비행기가 나는 고도까지 고사포의 탄환이 올라가려면 상당한 시간이 걸린다. 비행기는 지그재그 비행을 하므로 명중률이 매우 낮았다. 이것을 격추하기 위해서는 복잡한 진로를 미리 예측하여 거기에 포탄을 쏘아 올려야 한다. 미군 당국은 인간의 뇌와 같은 고도의 작용을 하는 고사포 조준장치가 필요하다고 생각하여 워너의 그룹에 이 연구를 요청했던 것이다.

이 그룹은 '사이버네틱스'라는 새로운 학문을 개척하고 있던 중이었다. 이 말은 '키잡이'를 뜻하는 새로운 용어이다. 키잡이는 상황에 따른 조치이어야 하며 이것을 기계로 처리하는 것이 이른바 '자동제어'이다.

사이버네틱스는 자동제어를 중심으로 하는 학문이다. 또 상황은 정보의 형태로 입력된다. 그러므로 사이버네틱스는 정보 처리를 축으로 하는 학문인 것이다.

미군 당국이 고사포 조준장치의 개발을 위해 워너의 사이버네틱스에 주목한 것은 현명한 일이었다. 사이버네틱스를 이용한 고사포는 대단히 우수하여 일본의 폭격기를 대부분 명중시켰다. 일본 비행사는 고사포의 명중률이 높아지자 아연실색하였다. 어쨌든 컴퓨터의 역사는 여기서부터 시작된 것이다.

로봇은 인간이 인위적으로 만들어 낸 것이기 때문에 2세를 생산하거나 스스로 진화할 능력이 전혀 없다. 만약 로봇이 인간처럼 스스로 자식을 낳고 진화할 수 있다면 세상은 정말 엄청난 변화의 소용돌이 속으로 빨려 들어갈 것이다.

공상과학 영화에서나 나올 법한 이 황당한 이야기가 실제로 일본 히타치 에너지 연구소에 의해 개발되어 엄청난 변화가 예상된다.

이 연구소의 이치카와 요시아키 연구원이 밝힌 내용은 이렇다.

"로봇의 모양은 지네처럼 생겼다. 이 로봇은 우리가 바닥에 블록과 비슷한 부품을 깔아놓자마자 자신의 몸체에 조립시켜서 원래 크기의 두 배 이상으로 몸체를 확대시켰다. 그리고 또 다른 로봇은 자신의 일부 부속을 떼어내 새로운 로봇을 만들어내기까지 했다."

4년 간의 연구 끝에 개발한 이 로봇은 유전자 코드역할을 할 수 있는 마이크로 칩과 세포 기능을 할 수 있는 블록소자를

발 명 의   얼 굴
착 상 발명
(초보자의 영역)
과학적 발명
(과학자들의 영역)
응용 발명
(초보자 + 과학자 영역)
?

이용하도록 되어 있는데 부속만 있다면 인간의 도움 없이 스스로 자신과 똑같은 로봇을 무한정 만들어 낼 수 있다고 한다.

위에서 예를 든 컴퓨터, 로봇 이외에도 과학적 발명은 모터, 냉각장치 등 첨단기술 제품으로 상당한 수련과 전문지식이 필요하다. 최근 기업에서 설치한 고도의 기술을 갖춘 연구소에서의 기술개발이 곧 과학적 발명이다.

세 번째의 얼굴은 '응용 발명'이다.

응용 발명은 어떤 제품 또는 부품을 다른 제품에 응용하는 것을 말한다. 따라서 과학적인 발명보다는 한 단계 낮은 발명으로 약간의 수련과 전문지식이 있으면 가능하다.

예를 들면 팽창률이 다른 두 개의 금속판을 결합하여 만든 자동 온도조절장치 바이메탈, 카메라와 현상 기구를 결합한 폴라로이드 카메라, 손목시계에 캘린더를 결합한 시계 겸용 캘린더 등이 응용 발명이다.

따라서 착상 발명이 초보자의 영역이고, 과학적 발명이 과학자들의 영역이라면 응용 발명은 초보자와 과학자의 공동 영역이라고 할 수 있다.

발명에도 얼굴이 있다. 위에서 설명한 발명의 세 얼굴 중 어떤 얼굴을 선택하느냐는 선택하는 사람의 경험과 지식 그리고 지혜에 따라 달라질 수 있다.

그렇다고 착상 발명이 초보자의 영역이라 해서 무리하게 과학적 발명에 도전하는 것은 금물이다. 착상발명이냐, 과학적 발명이냐, 응용 발명이냐가 중요한 것이 아니라 얼마나 실용적인 발명을 했느냐가 가장 중요하기 때문이다.

발명의 단계도 생각하라

발명의 단계도 생각해야 한다.

발명의 단계는 3단계로 분류되는데, 그 첫 단계가 '비분할 결합'이다.

비분할 결합은 어떤 물건을 분할하지 않고 그대로 다른 용도로 사용하든가 다른 물건과 결합시켜서 두 가지 이상의 용도를 갖게 하는 것을 말한다.

예를 들어 보자. 연필에 지우개를 붙여 만든 '지우개 달린 연필'은 미국의 이름 없는 가난한 화가를 세계적인 발명가로 변신시켜 놓은 발명품이다.

필라델피아 근처에 하이만이라는 소년이 살고 있었다. 아버지는 돌아가시고, 어머니 혼자서 가난한 살림을 꾸려가고 있었기 때문에 하이만은 상급학교 진학도 포기하고 인물화를 그려서 생활을 돕고 있었다.

그런데 그림을 그리다 보면 곧잘 지우개가 없어지고, 그것을 찾느라 정신을 빼앗기던 소년은 생각에 잠겼다.

"언제나 연필 옆에 지우개가 있도록 했으면 좋을 텐데…."

생각 끝에 하이만은 연필 뒤에 양철을 감아서 지우개를 달았다. 며칠 후, 친구 윌리엄이 찾아와 이것을 보고 특허출원한 것으로 1867년 7월의 일이었다.

등반대의 필수품으로 손꼽히는 물통과 나침반.

이 두 가지 물건을 하나로 만들어 크게 히트한 발명품도 있다. 하이만의 연필달린 지우개처럼 이 나침반 물통도 세계적인 발명품으로 기록되고 있다. 발명가는 일본의 젊은 등반가 야마시타이다.

야마시타는 일본의 산이라는 산은 모조리 정복할 정도로 등반에 관한 한 전문가였다. 그러나 원숭이도 나무에서 떨어지듯이 야마시타도 등반 도중 길을 잃고 말았다.

"아차, 큰일 났구나!"

그는 배낭을 뒤져 나침반을 찾았다. 그런데 이날 따라 나침반을 가져오지 않았던 것.

당일 코스여서 음식도 준비하지 않았는데 벌써 주위가 어두워지고 있었다. 그가 가진 것은 허리에 찬 물통 하나가 전부였다.

그나마도 없었으면 살아날 수 없었을 것이라고 생각하니 아찔한 기분이 들어, 그는 우선 물 한 통으로 밤을 새우기로 하고 물통 뚜껑을 열었다.

그 순간 그는 기발한 아이디어를 떠올렸다.

'아무리 가깝고 낮은 산이라도 등산을 하려면 물통은 가지고 간다. 그렇다면….'

야마시타는 물통 뚜껑에 나침반을 붙여 놓으면 나침반 걱정은 하지 않아도 될 것이라는 생각을 했다.

성공이었다. 실용신안을 출원하여 등록을 받자 곧바로 상

품화되었다. 한정된 등반인구로 많은 양이 팔릴 수는 없었으나 야마시타는 발명가로 화려하게 데뷔하여 역사 속에 이름을 남겼다.

이 밖에도 시계에 라디오를 더해 만든 시계 겸용 라디오 등 일종의 더하기 발명이 비분할 결합의 좋은 예다. 발명을 처음 시작할 때 이 기법을 이용하면 실용신안이나 의장출원 수준은 어렵지 않게 해낼 수 있을 것이다.

다음 단계는 '분할 결합'이다.

분할 결합이란 어떤 물건을 분해한 다음, 그 분해된 부품을 다르게 결합하거나, 다른 물건의 부품을 추가 결합하여 새로운 용도를 갖게 하는 것이다.

냉장고를 누가 발명하였는가에 대하여는 여러 주장이 있으나 가장 먼저 특허를 받은 사람은 미국의 야곱 파킨스였다. 야곱은 본래 미국인이었으나 인생의 대부분을 영국에서 보냈고, 냉장고 원리의 특허도 영국 특허청에서 받았다.

냉장고를 처음으로 상품화하는 데 결정적인 기여를 한 사람은 스코틀랜드의 제임스 해리슨이었다. 스코틀랜드에서 오스트레일리아로 이주하여 인쇄공으로 일하고 있던 제임스는 야곱이 누군지도 몰랐고, 그가 냉장고 원리를 발명한 것은 꿈에도 모르고 있었다. 제임스가 냉장고를 발명하게 된 계기는 실로 우연이었다.

'인쇄에 사용되는 에테르의 뛰어난 냉각 효과를 달리 사용할 방법이 없을까?'

제임스는 활자의 세척에 에테르를 사용하면서 그 뛰어난 냉각효과를 이용할 방법을 벌써 몇 년째 생각하다가 인쇄기를 수리하면서 스스로 터득한 지혜로 냉장고를 설계하는 데 성공했던 것이다.

냉동법을 처음 발명한 사람은 취미가 여행이었던 크렌즈 버즈아이다.

1923년, 미국 동북 지방의 해변마을에서 추운 겨울날 버즈아이는 출항을 앞두고 기선을 손질하고 있었다. 그러다가 그는 놀라운 광경을 목격했다.

"이 물고기는 두 달 전에 잡아먹다 남은 것이 아닌가? 그런데 이제 막 잡아올린 것처럼 싱싱하다니!"

그는 곧 이 물고기가 영하의 낮은 온도에 꽁꽁 얼어 신선도를 유지하고 있었다는 사실을 알아냈다.

'그렇다면 쇠고기나 채소 등도 이렇게 얼려두면 오랫동안 신선도를 유지할 수 있을까?'

즉시 집으로 돌아온 버즈아이는 토끼를 잡아 실험했다. 성공이었다.

버즈아이는 곧 식품저장에 고심하던 '제너럴 푸드사'를 찾았다.

이렇게 냉장고와 냉동고는 각각 다른 사람에 의하여 발명되었으나 냉장고를 분해하여 다시 냉동기법을 추가하여 결합한 것이 분할 결합이다.

또 하나의 예를 들면 4칸 회전 도어를 분해하여 3칸 회전 도어로 다시 결합한 것과 같은 것이다. 이 기법을 이용하면 특허출원을 위한 고도기술의 발명도 해낼 수 있을 것이다. 따라서 분할 결합은 기업의 신제품 개발이 많이 이용되고 있다.

마지막 세 번째의 단계는 '비약 결합'이다. 글자 그대로 비약적인 고도의 단계이다.

즉 현재 가지고 있는 어떤 물건으로부터 고정관념을 탈피하여 획기적인 기능을 창출해내는 것이다.

트랜지스터는 미국의 벨 연구소에서 존 바딘, 월터 브레테인, 윌리엄 쇼클리에 의해 발명되었다. 그 중에서도 쇼클리는 핵심적인 역할을 해낸 사람이다. 지금의 유명한 실리콘 밸리라는 첨단 정보 산업의 중심지도 이 쇼클리가 기초를 닦은 지역이다.

과학자가 제대로 대접받지 못하는 것을 인식한 쇼클리는 이 지역에 자신의 발명품인 트랜지스터로 스위치를 개발하여

발 명 의 단 계
비약 결합
분할 결합
비분할 결합

사업을 시작했던 것이다.

트랜지스터의 발명은 새로운 전망을 열고 여러 가지 발명을 가능하게 했는데, 반도체로 비약적인 발전을 거듭하게 했다. 1990년대까지는 트랜지스터의 소형화기술이 엄청나게 발전함에 따라 마이크로 컴퓨터에 혁명을 일으켰다.

여성을 가사노동에서 해방시킨 발명품은 여러 가지가 있지만 그 중에서도 자동보온밥솥과 자동세탁기는 특히 괄목할 만하다. 버튼만 눌러 놓으면 예약 시간에 맞춰 밥도 짓고 빨래도 다 해놓고….

과거 모든 것을 수동으로 해야 했던 시대에 비하여 모든 것이 자동화된 지금에야 여성들도 비로소 마음 놓고 취미생활이나 전문직종에서 일할 수 있게 된 것이다. 참으로 비약적인 진보이다.

이렇듯 수동을 자동으로 개선한 것 등이 비약 결합의 좋은 예이다.

지금까지 설명한 발명의 3단계는 누가 만들었는지 지금까지 알려지지 않고 있으나 미국과 일본 등 선진국에서는 물론 많은 나라의 발명가들이 이 기법을 중요시하고 있다.

우리나라도 예외는 아니다.

이 비분할, 분할, 비약 결합의 세 가지 기법은 단독으로 이용되는 것이 아니라 모두 뒤섞여 이용되고 있으므로 어느 한 기법이 특히 뛰어나다고 결론지을 수도 없다.

사고의 방법도 생각하라

"나는 생각한다. 고로 존재한다"라고 데카르트가 말했듯이 우리 인간이 동물과 다른 점이 있다면 바로 사고하는 능력에 있다는 것이다.

특히 엉뚱한 사고로 사람들을 놀라게 했던 에디슨을 살펴보자.

어린 시절 선생님이 "하나에 하나를 더하면 몇이 될까?"라고 물을 때 보통 아이들은 "둘"이라고 대답한다. 그런데 에디슨은 "하나"라고 말하였다. 그래서 친구들의 놀림을 받았다.

심지어 담임선생님은 에디슨의 어머니를 불러 "에디슨은 더 가르쳐도 별 소용이 없을 것 같으니 학교에 보내지 마세요"라고 말했다.

그런데 에디슨의 어머니는 불이 타오르는 것을 보겠다고 헛간에 불을 지르는 에디슨에게서 한 곳에 열중하는 그의 깊은 사고력을 발견하고 특별한 재능의 소유자라는 확신을 갖게 되었다. 어느 정도로 사고력이 깊었는지 다음의 예를 보라.

에디슨이 성인이 된 후, 그는 자기의 정원을 아름답게 가꾸어 놓았다. 그런데 어느 날 아침, 정원에 가 본 에디슨은 깜짝 놀라고 말았다.

“아니, 이럴 수가?”

정원이 엉망으로 변해 있었던 것이다. 밤 사이에 꽃도둑이 들어와 꽃을 따간 것까지는 좋았는데 손으로 닥치는 대로 꽃을 따서 줄기가 상한 것도 있었고, 심지어 뿌리가 상한 것도 있었다. 그래서 에디슨은 집안으로 들어가서 종이를 찾아 이렇게 썼다.

“꽃도둑님, 앞으로 꽃을 꺾으실 때는 부디 가위를 사용해 주시기 바랍니다.”

에디슨은 이 메모지를 가위와 함께 정원이 잘 보이는 곳에 매달아 놓았다.

그러자 다음날 이런 회신이 적혀 있었다고 한다.

“집주인님, 매달아 놓으신 가위는 잘 들지 않습니다. 부디 숫돌에 잘 갈아서 놓아주시면 고맙겠습니다.”

　이 여유 있고 사려 깊은 에디슨의 모습에서 그의 내면에 자리잡고 있는 사고력을 짐작할 수 있을 것이다.

　속이 상하다고 즉석에서 가시돋힌 말을 내뱉거나 불같이 화를 내는 사람에게 주는 잠언서의 교훈이 있다.
　"분을 참는 자는 성을 빼앗는 용사보다 낫다."
　위대한 인물일수록 사려가 깊다. 에디슨이 그냥 발명왕이 된 것은 결코 아니라는 생각이 들 것이다.

　발명을 하려면 사고를 많이 하게 되는데 기본적으로 세 가지의 사고방법이 있다.
　첫 번째는 수직적인 사고방법이다.
　이는 사물을 보고 생각하는 데 있어서 지극히 이론적이고 체계적인 사고를 말한다. 학교에서 배우는 교과서 내용을 그대로 실행해야 된다는 이론의 체계를 사고라고 말하며 논리학이나 수학으로 대표되는 전통적인 사고의 방법이다.
　우리는 일반적으로 틀에 박힌 생각에 익숙해 왔다. 마치 어떤 목표를 설정해 놓고 그 계획대로만 추진해 갈 때는 체계적이고 흐트러짐이 없어 매우 효과적이다. 한 우물을 파라는 말이 있듯이 어떤 어려움이 닥쳐와도 처음에 예정했던 대로 추진해가는 방법이며 수학문제를 풀어가듯이 한 단계 한 단계씩 끊임없이 풀어가는 방법이다.

　미국 오하이오 주의 오바린 대학을 졸업한 찰스 마틴 홀은 벌써 3년째 알루미늄 제련법 연구에 매달려 있었다. 알루미늄이란 불순한 산화알루미늄인 '보크사이트'에서 산소를 떼어낸 물질이다. 실로 간단한 원리였으나 산소와 알루미늄의 결합이 워낙 강력했기 때문에 3년 동안의 각고에도 풀지 못하고 있었다. 산화철은 코크스(탄소)와 함께 데우면 산소와 철을 떼어 놓을 수 있으나 산화알루미늄은 어림없었다.

'천연광물을 이용해 볼까?'

지칠 대로 지친 홀은 '빙정석'이라는 유백색의 유리 덩어리를 가열하기 시작했다. 빙정석은 섭씨 1000도에 이르자 녹기 시작했다. 이 때 무심코 소량의 보크사이트를 넣어 보았다. 그러자 빙정석 속의 보크사이트가 눈처럼 녹아내렸다.

'보크사이트가 녹았다. 이제는 전기분해가 가능하겠지.'

홀은 가열된 액체 속에 전극을 넣어 직류전류를 흘려보냈다. 다음 순간, 음극에 반짝반짝 빛나는 알루미늄이 앞을 다투어 모여 들었다.

홀은 이 알루미늄 제련법으로 20대에 백만장자가 되었다.

두 번째 사고의 방법에는 수평적인 사고가 있다. 이것은 전통적인 고정관념을 탈피하여 사고의 중심을 수평으로 이동시키는 유연하고 함축성 있는 사고의 방법이다.

이 사고의 테크닉은 하나의 사물을 관찰할 때 여러 방법으로 관찰하는 것이며 뻔한 아이디어일지라도 뒤집어 보고, 엎어서 보고, 거꾸로 하여 보고, 역전시켜 보는 것이다. 이 사고방법은 아이디어 개발방법에서 매우 중요한 사고방법이다.

학교에서 가르치는 것들은 수직적 논리성을 강조한 것이지만 실제 문제의 해결이나 발명에 있어서는 수직적 논리를 떠나 수평적 유연성을 가질 필요가 있다.

전세계 껌 애호가들의 사랑을 독차지하고 있는 추잉껌은 일본의 야마모토의 생각으로 발명된 제품이다.

제2차 세계대전으로 패망한 일본의 동경주재 미군부대 주변에는 많은 어린이들이 미군들이 씹고 버리는 껌을 줍기 위해 몰려들고 있었다.

이 처량한 모습을 며칠째 지켜보는 한 남자가 있었다. 그는 전쟁이 끝나자 만주에서 귀국한 참전용사였다.

'큰일이구나. 일본에서도 빨리 껌을 만들어야겠어!'

야마모토는 껌을 만들 것을 결심했으나 당시 일본에서는 껌의 원료 중 하나인 고무가 없었다. 그러자 야마모토는 고무를 대신할 만한 새로운 원료를 찾기 시작했다.

그러던 어느 날, 전쟁 중에 카네보 방적회사가 방탄 비닐을 생산했다는 사실을 알아냈다.

'그렇다. 고무 대신 비닐을 사용하면….'

새로운 원료를 찾아낸 야마모토는 거기에 포도당과 박하를 넣었다. 성공이었다.

이렇게 해서 세계 최초의 추잉껌이 발명되고 미국을 비롯한 세계 각국의 수입상이 몰려들자 야마모토는 하리스 주식회사를 설립했다.

세 번째 사고의 방법으로 입체적 사고가 있다. 이 방법은 발명이론가 김관형 씨가 제안하였다. 이는 전통적인 논리성을 강조하는 수직적 사고의 중심을 수평적으로 이동하며 다각적으

추
잉
껌

로 생각하는 수평적 사고를 결합한 것으로 한정적 사고방법이
라고도 한다.

예를 들어 다음과 같은 경우를 생각해 보자. 학생용 필통
을 만든다고 가정하자. 이 때 수직적 사고를 적용한다면 오래
쓸 수 있는 견고한 필통을 만들 것이다.

그런데 수요가 감소한다면 견고한 필통을 만드는 대신 수
평적 사고를 적용하여 모양이 다르고, 아름답거나 기능이 추가
되어 다용도로 쓸 수 있는 필통을 만들 수 있을 것이다.

또한 이 때 입체적 사고를 적용한다면 먼저 수평적 사고를
적용하여 몇 가지 대안을 개발하고, 각각의 대안에 대하여 수
직적 사고를 적용하여 장·단기적 효과를 검토하게 될 것이
다. 입체적 사고방법을 한정적 사고방법이라고도 하는 이유가
여기에 있다.

압력솥은 제2차 세계대전 후, 시간과 연료의 절약을 위해
만들어진 것으로 토니 파팽이라는 사람이 발명한 증기찜통을
개량한 것이다.

소년 시절 파팽은 런던에 가서 로버트 보일의 조수가 되었
고, 로열소사이어티에 출입할 수 있게 되면서 증기찜통에 남다
른 관심을 갖게 되었다.

'모든 요리는 증기로 이루어진다. 그렇다면….'

파팽은 찜통을 개량하기로 하고 방법과 지혜를 짜냈다. 그
리고 가장 적합한 아이디어를 택해서 발명하기로 결심했다. 그
방법의 하나가 꼭 닫히는 뚜껑이 달린 찜통 내부에 압력을 대
주고, 물의 비등점을 높이는 것이었다. 여기에 필요한 것은 뚜

껑의 안전장치였고 파팡은 이것을 발명하는 데 성공했다.

파팡의 압력찜통 요리법은 옛날부터 내려온 요리법을 송두리째 바꿔놓을 정도로 획기적인 것이었다.

모두가 적절한 사고의 결실이다.

발명의 시간과 장소도 생각하라

얼마 전까지만 해도 발명가에게는 발명에 알맞은 시간과 장소가 있는 것으로 교육되었고, 실제로 많은 발명가들에게 큰 도움이 되었다.

이미 오래 전에 발명으로 성공한 발명가들은 언제, 어디서 발명하는 것이 가장 효과적이라고 믿었는가를 알아보자.

선조들은 아침이 운명을 좌우한다고 생각했다. 음악가 베토벤과 모차르트는 새벽에 작곡을 했고, 철학자 칸트도 새벽에 사색에 잠겼다. 발명왕 에디슨도 이른 아침에 연구실을 찾았다.

사람에게 아침처럼 중요한 시간도 없다. 아침 일찍 일어나서 남보다 더 노력한 사람이 성공한다는 것은 두말 할 나위도 없다.

밀턴은 매일 새벽 4시에 일어나 '실락원'을 집필했다. 미국의 초대 대통령 조지 워싱턴은 왕성한 활동가였다. 그 비결을 묻는 기자에게 워싱턴은 이렇게 대답했다.

"나의 성공 비결은 단 한 가지이다. 나는 날마다 새벽 4시에 일어났다. 남들이 잠자는 시간에 두 시간 더 일했을 뿐이다."

피뢰침을 발명한 프랭클린은 말한다.

"이 세상에서 가장 소중한 것은 시간이다. 그러므로 시간을 낭비하는 것은 최대의 낭비이다."

발명하기에 가장 좋은 시간은 아침이라고 생각하는 것은 요즘 발명가들도 마찬가지이다. 필자가 최근에 만난 발명가들은 발명하기에 가장 좋은 시간은, 첫째 아침 일찍, 둘째 배가 조금 고플 때, 셋째 궁지에 몰렸을 때, 넷째 산책 및 사색할 때, 다섯째 일상생활 중의 순으로 대답했다.

발명의 시간 개념에 대하여 한 가지 더 덧붙이자면, 요즘 사람들은 자신의 일이나 발명에 대해 너무 일찍 승부를 거는 경향이 있는 것 같다. 위대한 업적이나 발명에 성공을 거둔 사람들 대부분은 수많은 시행착오와 피나는 노력을 투자했음을 알아야 할 것이다.

노아 웹스터는 '웹스터 사전'을 집필하기 위해 36년간 자료를 수집하고, 두 번이나 대서양을 횡단했다.

플라톤의 '국가론'은 무려 아홉 번이나 대필한 다음에 완성한 것이다.

시인 브라이언트는 자신의 시를 보통 99번씩 다듬어 완성했다고 한다.

미켈란젤로의 '최후의 심판'은 8년 동안 땀흘려 완성한 대작이다.

레오라르도 다빈치의 '최후의 만찬'도 10년의 세월이 걸렸다. 작가는 일에 너무 열중한 나머지 식사하는 것조차 잊어버린 적이 많았다.

슈만 하인크는 위대한 가수가 되기 위해 20년간 가난과 싸웠다. 꿀벌은 살아 있는 동안에 지구의 세 바퀴나 되는 거리를 날며 꿀을 모은다.

성공한다는 것은 항상 땀과 노력을 요구하는 시간 속에서 자신과의 싸움이 되풀이되는 근간과 비례한다. 만유인력의 법칙을 발견한 뉴턴은 달걀을 삶는다면서 끓는 물에 시계를 집어넣은 적도 있었다. 한번은 난롯불에 화상을 입는 줄도 모르고 연구에 열중했다. 뉴턴은 불에 데인 곳을 어루만지며 하인에게 부탁했다.

"제발, 저 난로를 좀 옮겨 주게."

하인은 어처구니가 없어 작은 목소리로 이렇게 속삭였다.

"주인님, 난로를 옮기는 것보다 주인님이 난로에서 조금 떨어져 앉으시는 것이 어떨까요?"

그러자 뉴턴은 신음처럼 중얼거렸다.

"음, 그렇군…."

그는 또 결혼식 날에도 결혼 사실을 깜빡 잊어버린 채 연구실에 홀로 남아 있었고, 20년 동안 준비해온 자료를 개가 물어가는 것도 모른 채 연구에 몰입했다.

그가 대학자가 된 것은 바로 시간을 초월한 집중력 때문이었다.

'시간'은 하늘이 모든 사람에게 공평하게 제공한 인생의 기본 자산이다. 이것을 어떻게 활용하느냐에 따라 얻고자 하는 것을 얻을 수 있다.

발명에 가장 합리적으로 좋은 시간은 본인이 선택해야 할 과제이다.

그렇다면 발명의 장소는 어떠한가? 연구실 말고도 세 곳이 있다. 과거의 선조들은 이를 발명 장소의 삼상(三上)이라고 했다.

첫 번째는 '침대 위'이다. 침대 위처럼 생각하기에 편안한 장소도 없다. 따라서 잠들기 전 또는 꿈속에서 금쪽 같은 아이디어가 떠오른다.

두 번째는 '변기 위'이다. 선조들은 창자 내에서 대소변이 배설될 때 머리에서는 새로운 생각이 나온다고 믿었다.

세 번째는 '말의 안장 위'이다. 말이 리듬 있게 움직이면

BUS

기분이 좋아져서 많은 아이디어를 떠올릴 수 있는 것이다.

요즘은 말 대신 기차나, 버스, 그리고 자동차를 타고 가면서 생각을 떠올릴 수 있을 것이다. 위 내용을 살펴보면 우리나라의 발명가들은 일상생활의 모든 곳을 발명의 장소로 사용했음을 알 수 있는데, 이 점에서도 필자가 만난 발명가들의 경우와 일치하고 있다.

세계 발명사에도 삼상 외에 공원, 낚시터, 버스 정류소, 식당, 일터, 거리, 집안, 산이나 화실 등 다양한 발명장소들이 등장한다.

연필의 역사는 대체로 16세기 무렵부터 시작된 것으로 볼 수 있으나 일반화된 것은 19세기에 들어서부터이다.

그리고 연필이 오늘날과 같은 모습을 갖추게 된 것은 1795년 프랑스의 화가이자 과학자인 콘테에 의해서였다.

어느 화창한 오후, 공원에는 많은 사람들이 나와 햇빛을 즐기고 있었다. 그러나 단 한 사람, 공원 한 구석에서 그림을 그리고 있는 남자만은 예외였다. 그는 얼굴을 일그러뜨린 채 큰 소리로 짜증을 내고 있었다.

"이런, 또 부러졌군. 이래서야 제대로 스케치를 할 수가 없잖아!"

그는 화가 난 듯 손에 들고 있던 숯덩이를 내던졌다. 당시에는 밑그림을 그리는 데 숯을 많이 이용하고 있었다. 그로부터 며칠 후, 콘테는 독일 콘라트 폰 게스너의 논문을 읽다가 의미심장한 미소를 지었다. 그는 공원에서의 스케치 이후 줄곧 새로운 미술도구를 연구하고 있었다.

"흑연을 이용한 필기구라….."

그는 콘라트의 논문에서 흑연을 넣어 필기구를 사용했다는 대목에 흥미를 느끼고 곧바로 실험에 착수했다. 그의 작은 화실이 연구실로 이용되었다.

콘테는 우선 흑연을 모아서 막대 모양으로 만들어 말려보았으나 심으로 쓰기에는 부적합했다. 제일 중요한 문제는 흑연에 일정한 강도를 주는 일이었다. 그는 매일 새로운 방법을 시도했으나 결과는 실패였다.

그러다가 어느 날, 콘테는 저녁식사 도중 무심결에 접시를 만져보았다.

'흙은 불에 구우면 이 접시처럼 단단해진다. 만약 흑연을 흙과 섞어 반죽해서 굽는다면?'

그는 곧 연구실로 내려가 실험에 돌입했고, 결과는 대성공이었다.

흡사 버뮤다의 삼각지대처럼 사람의 은밀한 부위를 살짝 가린 삼각팬티는 누가, 언제, 어디에서, 어떻게 발명했을까?

주인공에 대해 유난히 말이 많지만 누가 뭐래도 먼저 특허로 등록한 사람은 일본의 사쿠라이 여사이다.

그녀는 일명 마이크로 팬티로 불렸던 '삼각팬티', 꿰맨 곳이 줄어든 '유니크 팬티' 스타킹을 겸한 '타이츠 팬티' 아기 기저귀 커버를 겸한 '유아용 아톰 팬티' 등 팬티 시리즈만으로 돈방석에 올라앉은 특이한 발명가다.

사쿠라이 여사는 얼핏 활동적인 젊은 디자이너를 떠올리기 쉽지만 손자들에게 둘러싸인 50대 중반의 할머니이다. 젊은 시절 의류 소매상을 한 것이 옷과 관련된 인연의 전부인 그녀는 나이가 들어 집에서 손자들을 돌보다가 어느 여름 날, 아이들이 무릎까지 닿을 정도로 긴 속옷에 불편을 느끼는 것을 발견한다.

"속옷의 구실은 단지 가리는 것이다. 쓸데없이 길게 만들 이유가 없지."

문제는 간단하고 명료했다. 데트론이라는 천으로 만든 헌 자루를 싹뚝 잘라 다리가 들어갈 수 있는 구멍을 내고 봉제한 것이 바로 삼각팬티이다.

가볍고 편리한데다 산뜻한 이 발명품이 대히트를 하자 곧바로 유니크 팬티, 타이츠 팬티 등을 속속 발명했다.

그녀의 발명 장소는 일상생활 속에서 늘 사용하는 안방이었고, 이곳이 가장 편한 장소였다.

상품의 수명도 생각하라

요즘 사회가 노령화시대로 바뀌면서 실버산업에 대한 비전이 새로운 관심사로 떠오르고 있다. 건강하게, 오래, 그리고 편안히 살자는 데 말릴 사람은 없다.

하지만 상품의 수명은 무턱대로 길기만하다고 해서 바람직한 것은 아니다.

보통 하나의 신제품이 탄생하려면 그에 소비되는 인력, 자금 등이 어마어마한 액수에 이른다. 그래서 한 제품을 10년, 혹은 20년 이상이라도 계속 유행시킬 수만 있다면 기업으로서는 엄청난 이익을 남길 수 있을 것이다.

그러나 현실은 그렇게 녹녹하지만은 않은 것이다. 한 상품이 10년을 간다는 것은 극히 드문 일이고, 한 5년만 지나면 장수상품에 속하게 된다.

그리고 보통 상품의 라이프 사이클은 대략 3년 정도로 잡고 있으나 요즘에는 그나마도 단축되고 있는 실정이다. 세상은 변하고, 자꾸 새로운 것을 선호하는 소비자들의 취향과, 편리함만을 추구하는 현대인들의 바쁜 일상 때문이다.

따라서 신제품을 개발하는 데는 이 라이프 사이클을 고려하는 것이 매우 중요하다.

만약 수명이 거의 끝난 것으로 여겨지는 상품을 계속 생산한다면 무슨 의미가 있겠는가? 재고품만 늘리게 될 뿐이다.

항상 상품의 수명을 생각하고 제때에 맞추어 신제품을 만드는 것이 필요하다.

오늘날 하늘을 찌를 듯한 고층건물을 세울 수 있었던 것은 '철근콘크리트 기법' 덕분이다. 처음 발명된 과정을 살펴보자.

1865년 어느 날, 프랑스 파리 근교의 작은 화원에서 화초를 재배하던 모니에는 깨진 화분 때문에 몹시 속이 상했다.

당시에 화분은 단순히 진흙으로 모형을 뜬 다음 불에 구워 만들었기 때문에 작은 충격에도 쉽게 깨졌던 것이다. 그래서 모니에는 직접 튼튼한 화분을 만들기로 결심했다.

궁리를 거듭한 끝에 처음에는 시멘트와 모래를 섞은 후 물로 이겨서 굳힌 콘크리트 화분을 만들어 냈다. 그 후로도 계속된 모니에의 연구는 2년 여 동안 100여 가지가 넘는 종류를 만들게 되었다.

그러던 중, 철사그물로 화분 모형을 만든 다음 시멘트를 입힌 것이 성공을 거두어 모니에의 화원은 하루아침에 유명해졌고 큰 돈을 벌였다.

큰 돈을 벌게 된 모니에는 화원을 멋지게 개조하기로 하고, 경사진 곳에는 계단을 만들고 개울을 가로질러 다리를 세우기로 했다.

화분을 만든 경험과 아이디어를 살려 이번에는 철사그물 대신 철근을 넣어 계단과 다리를 만들었는데 이것이 철근콘크리트 방법을 이용한 세계 최초의 공사였다.

　이후로 건물이나 다리 등 콘크리트를 사용하는 모든 건축물에는 철근이 들어가는 것이 필수적이다. 그런데 이 철근의 부식정도에 따라서 건물이나 다리의 수명이 결정되기 때문에 건물을 지을 때부터 철근의 부식을 막는 방법을 여러 가지로 진행시켜 왔다.

　또한 철근의 부식을 막는 것은 사람의 생명을 지키는 것과도 직결되기 때문에 현재에도 부식되지 않는 철근을 만들고자 많은 분야에서 연구와 실험을 거치고 있다.

　그런데 미국 캘리포니아 대학의 과학자들에 의해 부식되지 않는 철근이 개발되어 붕괴사고의 위험에서 벗어날 것으로 보인다.

　이들이 개발한 철근은 파마(Fermar)라고 불리는 물질로 만들어지는데 실험 결과 부식이 전혀 되지 않는 것으로 나왔다. 즉 신물질로 만들어진 철재 빔을 콘크리트로 감싸고 더운 소금 물 속에 일 년 동안 넣어 두었으나 전혀 부식이 일어나지 않았다고.

특히 스테인리스 스틸보다 값이 싸면서도 녹이 슬지 않기 때문에 새로운 건축자재로 손색이 없다.

게다가 휘는 콘크리트도 나와서 일본을 비롯하여 지진이 자주 발생하는 나라에서 들으면 매우 기뻐할 소식이다. 휘는 고강도 콘크리트는 기존의 콘크리트가 단단하지만 유연성이 없다는 특성에 반해 유연성을 지니고 있다고 한다.

휘는 콘크리트는 유연성만 있는 것이 아니라 놀랍게도 기존의 콘크리트보다 4배나 강해서 웬만한 충격에도 전혀 손상이 가지 않는다고 하며, 일부러 부수지 않는 이상 지진이나 기타 자연적인 재해에 의해 절대로 깨지지 않기 때문에 미래의 건축재료로 손색이 없다고 한다.

미국 노스웨스트 대학의 10명의 연구진이 개발한 이 휘는 고강도 콘크리트는 이미 나와 있는 기존 시멘트에 자체 개발한 특수 섬유를 넣어서 만들었다고.

아무튼 모든 상품은 수명을 생각하고 때에 맞추어 신제품을 개발하는 것도 성공의 비결이다.

요즘도 TV광고를 보면 빼놓지 않고 등장하는 것이 '바퀴벌레 잡기'이다.

까맣고 반지르르한 등껍질을 가진 바퀴벌레가 어쩌다 집안에 출몰하기라도 하면 온 식구가 자지러지게 비명을 지른다.

바퀴벌레는 그만큼 혐오의 대상이 되고 있는 것이다.

따라서 '바퀴벌레 퇴치'라는 슬로건 아래 여러 상품들이 등장하여 선보였고, 지금도 계속되고 있다.

우선 10여 년 전쯤에는 바퀴벌레를 잡는 수단으로 살충약이 섞여 있는 먹이를 살포하는 방법을 썼다. 또는 바퀴벌레가 지나다니는 곳에 살충제를 뿌려 두었다.

그러나 이 방법은 얼마 안 가서 실용성을 잃고 말았다. 집안 곳곳에 뿌린 살충제 덕분에 바퀴벌레를 퇴치하기는커녕 애매하게도 애완용 동물이나 어린이들이 해를 당했기 때문이다.

그 다음으로 개발된 상품이 '바퀴벌레 잡이 집'이라는 것이다. 그것은 종이나 알루미늄 판지 등으로 만든 삼각형의 작은 상자이다. 그 상자의 밑부문에는 끈끈이가 칠해져 있어서 일단 바퀴벌레가 그 곳에 들어가면 발이 접착제에 엉겨 붙어 꼼짝달싹 할 수 없도록 되어 있다. 이것은 상자 안에 바퀴벌레가 가득 붙어 있는 것을 눈으로 직접 확인할 수 있게 되어 있다. 그래서 사용자가 효과를 확실히 느낄 수 있으므로 크게 인기를 끌었다.

그러나 이것 또한 구매자들의 욕구가 변함에 따라 점차 사라지게 되었다.

그리고 에어졸 식의 분무기나 가스 등을 사용하는 것이 나타나 한동안 사용되었다. 이것 다음에는 미끼를 먹은 바퀴벌레들이 사람의 눈에 띄지 않게 죽고, 이것이 다시 연쇄적으로 살충효과를 내는 상품이 개발되어 시판되었다.

약 10여 년 사이에 무려 네 번 이상의 변화를 보이고 있는 것이다.

OLD
NEW
살
충
제
끈끈이
연쇄 살충 효과

　이렇듯 각 상품은 각각의 수명을 가지고 있다. 앞서 예를 든 제품들은 그나마 수명이 긴 축에 드는 경우이다.

　컴퓨터 같은 최신예 제품은 2~3년 사이에 자그마치 네 번의 변화를 겪고 있으며, 그 간격도 점점 짧아지고 있는 실정이다. 그뿐이 아니다. 처음에는 짤순이만 있어도 편리하다고 가정주부들이 환호했던 세탁기를 예로 들자면 수동에서 반자동, 완전자동이 되기까지만 해도 고맙기 그지없어 했던 제품이었다.

　그런데 요즘 주부들은 전자동에서 아예 말려서 다림질까지 마쳐지기를 요구하고, 기능은 말할 것도 없으며 크기, 색깔, 손빨래방식, 공기방울식 등의 세탁방식까지도 신경을 쓴다.

　자동차, 휴대폰 그리고 가스레인지를 비롯한 가전제품은 어떤가. 심지어는 어린이나 청소년들의 용품까지도 하루가 다르게 새로운 것을 요구하고 있다.

　이 모든 것을 다 고려하여 제품의 수명을 생각해야 한다. 더욱이 기업이 경쟁에서 승리하기 위해서는 신제품의 개발에 주력해야 하는 것은 재삼 강조할 필요도 없다. 그리고 이것은 상품의 수명과 긴밀한 연관을 지닌다.

　이와 더불어서 수명이 끝난 상품의 뒷처리까지 책임질 수 있다면 그보다 더 효율적인 경영책은 없을 것이다. 요즘 쓰다 버린 냉장고, 쌀통, 세탁기, 그리고 컴퓨터, 가구, 전화기, 폐타이더 혹은 자동차들이 곳곳에 산적해 가고 있어 산천이 몸살을 앓는 것까지 감안한다면 모든 제품의 수명은 보다 과학적이고 합리적으로 그리고 미래지향적으로 재고되어야 할 것이다.

자만하지 말라

"자만심은 패망을 부른다."

한 예를 들어서 어떤 통계에 의하면 '나는 특히 간이 튼튼하다'고 자부하는 사람은 자신의 튼튼한 간을 믿고 함부로 술을 마시거나, 제대로 관리를 하지 않아 오히려 먼저 간을 손상하게 되고, '나는 간이 좋지 않아서 특별히 관리해야 한다'며 조심하는 사람은 건강한 사람에 비해 간을 더 오래도록 보존하게 된다는 것이다.

같은 경우로 자신은 언제나 건강하다고 늘 자만하던 사람이 어느 날 암으로 쓰러지는 일이 있다. 암의 진행상황은 그 자신은 잘 알 수 없다. 언제나 전문의의 완벽한 진찰이 있어야만 되는 것이다.

그래서 사람은 자신의 건강을 계속 진단해 보며 경계를 늦추지 않아야 늘 건강을 유지할 수 있다.

동양의 격언 중에도 "이 세상의 가장 약한 것이 가장 강한 것을 이겨낸다. 그러므로 겸양의 우월과 침묵의 이익은 크다. 그러나 오직 소수의 사람들만이 겸손할 수 있는 것이다"라고 일깨워준다.

기업에 있어서도 자만에 빠져 기술개발을 게을리하는 기업

은 암에 걸린 환자와 같다. 당장은 아무런 증상이 없어도 조만간 치명적인 타격을 입게 되는 것이다.

그 좋은 예로 미국 담배 메이커인 럭키 스트라이크와 카멜의 시장경쟁을 볼 수 있다. 미국은 우리나라와 달리 담배시장이 민간인에 의해 운영되고 있다.

그래서 각 회사마다 판매율 경쟁이 매우 치열하다. 특히 대표적 기업인 카멜과 럭키 스트라이크의 경쟁상태는 치열하다 못해 불꽃이 튈 정도였다.

이러한 상태에서 카멜은 담배갑을 셀로판지로 포장하는 아주 획기적인 아이디어를 냈다. 이것은 담배를 아주 좋은 상태로 보관할 수 있게 하였다.

"하하하…, 이것으로 담배시장은 우리의 것이다. 럭키도 더 이상 우리를 따라올 수 없을 거야."

카멜의 간부들은 매우 기뻐하며 스스로 만족하였다. 그러나 지나친 자만은 향상 화를 부르는 법이다. 카멜은 곧 럭키의 일격을 받고 제자리에 주저앉아야 했다.

럭키는 카멜의 포장법에다 가늘고 빨간 테이프를 덧붙여 포장이 쉽게 벗겨지도록 만들었던 것이다.

"야, 이건 정말 괜찮은데…. 카멜 담배는 셀로판 포장이 잘 뜯기지 않아서 짜증이 났었는데. 이것은 정말 좋군…."

이 신상품은 곧 담배시장을 휩쓸게 되었다. 덕분에 카멜은 경쟁에서 뒤처지고 말았다. 만약 카멜이 셀로판 포장에서 자만하지 않고 소비자의 성향을 재빨리 파악했더라면 양상은 아주 달라졌을 것이다. 카멜은 모처럼의 기회를 놓치고 말았다.

요즘 우리나라의 대형 마트나 슈퍼에 가보면 소시지나 햄을 비롯한 각종 가공식품들이 다양하게 한 코너를 차지하고 있음을 볼 수 있다.

그런데 안타깝게도 소비자의 건강은 뒷전에 두고 이익을 남기는 데만 급급하여 유통기한이 지난 음식물들을 버젓이 팔거나, 날짜만 바꾸는 업주들의 횡포가 심심치 않게 적발되는 것을 볼 수 있었다.

소비자를 무시하는 업주들의 자만심에서 나온 결과이다.

그런데 변질된 식품을 색깔로 알려주는 부착물이 나와서 경종을 울리게 되었다.

식품을 구입할 때 대부분 유효기간을 들여다보고 그 기간이 넘지 않았으면 안심하고 구입하는 것이 소비자들이다. 그래서 간혹 이 유효기간을 너무 길게 잡아 재고물량을 줄이려는

? ?
캬 멜
럭 키
스트라이코

식품회사도 있다.

하지만 유효기간에 상관없이 현재 상태에서 색깔로 알려주는 부착물이 개발되어 건강한 식생활에 도움을 줄 것으로 보인다.

미국 뉴저지 주 모리스 플레인스에 있는 라이프 라인 테그놀러지사에 의해 개발된 이 부착물은 포장된 식품의 노출 온도를 감지해서 식품이 상해서 먹을 수 없게 되면 부착물의 색깔을 스스로 변하게 하는 것이다.

예를 들면 냉동식품이 냉동되지 않고 오랫동안 방치되었다면 분명 이 식품은 먹을 수 없는 식품이기 때문에 이 식품 상태를 감지한 부착물이 녹색에서 적색으로 바뀌게 되고, 소비자들은 적색 부착물이 있는 식품은 사지 않을 것이다.

이 부착물의 이름은 '스마트'이며 식품에 부착된 유효기간과는 별도로 스스로 식품상태를 나타내 주는 것이기 때문에 인위적으로 유효기간을 늘리는 사례는 없을 것으로 기대된다.

또한 유효기간은 여름과 겨울 등 계절에 따라 식품의 변하는 속도가 다른 데도 일률적으로 표시하기 때문에 문제가 있었지만 이 부착물은 조금이라도 식품이 변하면 먹을 수 없도록 하기 때문에 우리 식생활을 건강하게 해주는 발명품이라고 하겠다.

21세기는 정보화 시대, 국제 경쟁력 시대라고 말한다. 어떻게 하면 경쟁사회에서 살아남을 수 있을까 하는 문제를 해결하기 위해 경쟁사에 뒤지지 않는 제품이나 상품을 개발하는 것으로 경쟁력을 길러야 할 것이다. 눈가리고 아웅하는 식의 자만심은 결국 문제점을 안고 있고, 문제란 언젠가는 반드시 드러나게 된다.

그러므로 자만은 금물이다. 경쟁사회에서 무사안일이나 자만은 같은 맥락에서 퇴보를 의미한다. 끊임없는 노력과 새로운 아이디어의 창출만이 발전하는 길이고, 승리를 유지하는 길이다.

자만심과는 거리가 멀게, 오로지 발명에 대한 열정만으로 성공을 거두는 사례는 많다. 그 중의 하나를 소개한다.

오늘날 유고슬라비아에서 비다 포포빅은 유명한 발명가로 알려져 있다. 그러나 1976년에는 그렇지 않았다. 그 해 비다는 자신의 두 번째 발명품이자 가장 중요한 발명품인 비다실 (Vidasil)을 완성했지만 그것이 대중에게 알려지기까지는 10년이라는 세월이 걸렸다. 비다실은 1500℃까지 견디는 불연성 단열재를 생산하는 공정으로 석회, 석영, 물, 석면 또는 섬유소로 만들어졌고 돌과 같은 조직을 갖고 있다. 물론 같은 방법으로 가공할 수도 있다.

나무나 금속에 사용하는 기계로 이것을 갈거나 구멍을 내거나 윤곽을 그릴 수도 있다. 비다실은 금속재, 석재, 판재 등 여러 가지 형태로 생산되는데, 그것은 나무와 세라믹을 결합한 물질과 비슷한 공진을 갖고 있다.

비다실이 미생물이나 곤충 또는 다른 생물로부터 침해를 받을 수 있다는 증거는 없다.

비다실은 다양한 용도, 즉 건축, 열차단재, 난방장치, 주물과 거푸집, 내화성안감, 포장재, 냉동설비와 우주과학에 이르기까지 그 사용범위가 매우 다양한 발명품이다.

비다는 연약한 여성의 몸으로 그 제조과정만 개발한 것이 아니라, 생산에 필요한 기계와 설비도 고안해냈다. 그녀는 이렇게 말한다.

"6년 동안 나는 매일 175㎞를 운전해서 집과 공장을 왔다 갔다했다. 내가 하루에 몇 시간을 일했는지는 말하지 않겠다. 어느 때는 시작한 일을 마무리하기 위해 공장에서 밤을 새운 적도 있다. 가족들에게는 몹시 죄스러움을 느낀다. 내가 가진 유일한 죄는 발명에 대한 나의 열정이다. 어떤 상황에서도 모든 개인이 그 자신의 삶을 선택할 수 있는 권리를 가진다는 것은 가치 있는 일이다. 나는 정말 흥미롭고 열정적으로 그 일을 해왔다."

이처럼 대견하다 못해 절로 고개가 숙여지게 하는 발명가들의 멈추지 않는 열정의 수레바퀴가 있어 세상은 나날이 발전해간다.

소련의 에고로바라는 여성은 인간의 시력을 위해 외상 백내장 수술과 안구 이식 이용 그리고 현대적인 기술향상에 따른 여러 가지 문제점들의 해결방안을 제시했는데 그녀의 연구 작업은 6,000번이 넘는 수술에 기초한 결과라고 한다.

그녀는 이렇게 말한다.

"환자를 수술하고 치료할 때마다 나의 사랑을 그들에게 조금씩 준다. 그리고 큰 어려움이 발생하면 그 사랑은 내게 돌아와 더 많은 힘이 된다."

복의 근원이 되시는 하나님은 겸손한 자를 찾으시고, 그 진리는 영원하다.

소비자의 취향을 파악하라

한 나라의 경제를 지탱하는 뿌리는 여러 분야에서 활약하는 중소기업들이다. 그들은 획기적이고 신선한 아이디어와 신제품으로 시장에 활력을 주고 구매자의 욕구를 충족시킨다.

그러나 중소기업은 역할에 비해 그 이름이 뜻하듯 기업의 크기나 자본의 규모가 아직 작다. 그래서 간혹 자금이 모자라거나 그 무명성 때문에 도태되어 버리기도 한다.

이런 현실에서 중소기업이 살아나기 위해서는 최대한으로 지혜를 짜내고 아이디어를 만드는 길밖에 없다. 그래야만 대기업이나 여타의 경쟁상대와의 치열한 다툼 속에서도 성장할 수 있는 것이다. 이 때 중소기업이 창안해내는 아이디어는 어디까지나 잘 팔리는 상품으로 연결되는 것이어야 한다. 즉 신제품을 계획하기 전에 고객이 무엇을 원하는가를 철저히 파악하여야 한다는 것이다. 바로 "팔고서 만든다"라는 철칙이다.

우선 고객이 원하는 것을 조사하고, 그 다음에 판매방법과 판매시스템 개발, 적정 가격수준 결정 등의 단계를 거쳐서 신상품 판매를 결정한다.

그리고 구매의 시선을 끄는 포장 디자인을 개발하는 세심한 부분까지 신경을 써야 한다. 이러한 과정을 통하여 상품을 생산하면 실패의 위험률이 많이 줄어들게 된다. 그리고 더불어 성공의 확률은 커지는 것이다.

　　이러한 충고를 적절히 받아들이고 적극적으로 실천하여 크게 성공을 한 중소기업이 있다. 그 업체가 목표로 삼은 것은 백미러이다.

　　예전의 백미러는 자동차 공장에서 미리 고정시켜 놓은 것이므로 각 운전자의 신체적 특징을 고려하지 못한다. 그런데 이것이 사람에 따라 일정한 시각의 사각지대를 만들어 사고의 중요한 원인이 되는 것이다. 따라서 운전하는 사람이라면 누구나 이 백미러의 불편함을 호소하였다.

　　이것에 귀를 기울여 운전석에 앉은 채로 각도를 조절할 수 있는 백미러를 개발한 것이다. 그야말로 소비자의 요구에 맞춘 상품의 개발이었다.

길을 걷다보면 도로 옆의 상가, 혹은 기업체의 빌딩을 가로질러 큰 글씨로 써놓은 슬로건들이 눈에 띈다.

"손님을 내 가족처럼!"

"소비자는 왕이다!"

"작은 소리도 크게 듣겠습니다!"

그런데 그 슬로건을 보고 지나가는 사람들이 가끔 빈정거리듯 내뱉는 소리를 들을 수 있다.

"말은 좋다!"

아직도 우리나라의 기업들이 사업편의주의로 일하는 경향이 없지 않다는 것을 단적으로 보여주는 증거이다.

예를 들면 자동차의 운전석에 앉아 안전벨트를 매보면 이것 역시 키 작은 사람이나 키 큰 사람이나 똑 같은 위치에서 착용하도록 되어 있다. 따라서 어떤 작은 사람은 안전벨트가 목을 조이는 경우도 있다.

보온병을 하나 샀더니, 보온병 자체는 잘 만들었는데 보온병을 담는 커버의 지퍼가 처음 열자마자 떨어지더라는 여성도 있다.

손톱깎기 하나를 보더라도 잘 깎이지 않고, 곧 망가지기 때문에 할 수 없이 외제를 사서 쓴다는 사람도 있었다.

아직도 우리나라의 보온밥솥은 몇 시간만 지나면 밥맛이 떨어지고, 냄새가 나서 사용할 수 없다는 주부도 있다.

요즘 흔한 것이 시계여서 유치원 아이들도 손목시계를 차고 다니고, 초등학교 학생도 휴대폰을 들고 다닌다. 그런데 둘 다 얼마 못 가서 곧 고장이 나기 시작한다.

벽시계도 마찬가지여서 겉으로 보기에는 멀쩡한데 쓰레기

통에 처박히거나, 집 안의 구석진 곳에서 은신하는 시계가 가정마다 몇 개씩은 될 정도이다.

심이 잘 부러지는 연필, 부실한 볼펜, 잘 닦이지 않는 지우개, 밑창이 금방 갈라지는 노인용 신발, 차양이 잘 부러지는 썬캡, 손잡이가 금방 깨지는 가위 등 소비자들에게 직접 물어보면 불편한 사항들을 줄줄이 말할 것이다.

물론 가격의 차이에 따라 질의 높고 낮음은 있겠으나 허술한 상품, 소비자들의 분노를 사는 신상품도 의외로 많다. 소비자들에게 직접 물어보라.

과거에 비하면 애프터서비스도 잘 되고 개선된 점도 많지만 아직도 소비자들의 욕구를 만족시키기에는 역부족인 상품들이 많다는 것을 알아야 한다.

가난한 중년 남성이 매일 뉴욕 맨해튼의 센트럴 공원을 달렸다. 그는 건강을 위해 테니스를 할 생각이었다.

그러나 돈이 없어 조깅을 선택하였다. 이 사람의 인생자산은 정직과 열정이었다.

어느 날, 그는 대통령의 초청을 받았는데 신고 갈 구두가 없어 운동화를 신었다. 그 때 부시 대통령이 운동화에 깊은 관심을 보였다.

"참 좋은 운동화를 신으셨군요."

그는 즉시 신발회사에 전화를 걸었다.

"부시 대통령께 내가 신은 것과 똑같은 운동화를 한 켤레 선물해주시오."

신발회사는 대통령에게 즉시 운동화를 선물했다. 대통령은 항상 이 신발을 신고 조깅했고, 이 신발회사는 곧 유명해졌다.

이 순진하고 열정적인 남성의 이름은 프레드 리보. 1970년 뉴욕마라톤을 창설한 사람이다. 그는 뉴욕마라톤대회 개막식 때 이렇게 고백하였다.

"나는 빈 손이다. 그러나 신뢰와 열정으로 뉴욕마라톤 대회를 시작한다."

최고의 성공자산은 화려한 꿈이 아니다. 소비자들에게 진정 정직하다면 길이 보일 것이다.

얼마 전 일본 정부로부터 '의지의 기업인'으로 표창을 받은 쇼가키 야스히코는 부친까지 무려 37대가 의사인 집안에서 태어났다.

도쿄 대학교 물리학과를 졸업한 그가 선택한 첫 사업은 레스토랑이었다.

그는 '24시간 영업'과 '호객'을 시도했으나 돈을 벌지 못했다. 그러다가 취객이 난로를 넘어뜨려 가게가 몽땅 불에 타버렸다.

야스히코가 두 번째로 시작한 사업은 스파게티 전문점으로 그는 이탈리아에서 기술을 배워와 문을 열었다. 그리고 5년 동안 혼신의 힘을 다 쏟았다. 스파게티의 맛은 뛰어났다. 그러나 찾아오는 손님은 적었다.

그는 고민 끝에 중요한 결단을 내렸다.

"오늘부터 모든 음식값을 절반으로 내린다."

이 때부터 야스히코의 사업은 불이 붙었던 것이다. 체인점은 무려 193개, 지난해 매출액은 2400억 엔을 넘었다. 사업성

닭 집
? ?
??
??
꼬꼬댁

공의 비결은 끊임없는 도전정신과 발상의 전환이었다.

성공한 사람들은 안주보다는 변화를 추구한다. 변화를 추구하되 소비자의 성향을 제대로 파악해야 한다는 것이다.

어떤 제품을 판매할 때 매출이 안 오르고 지지부진하다면 틀림없이 이유가 있을 것이다. 아무리 보잘 것 없어도 소비자들은 필요하면, 그리고 써봤을 때 정직한 제품이라면 곧 다시 찾게 되어 있다.

어느 시골 상가에 두 개의 닭집이 나란히 자리하고 있었다. 그런데 한 집은 하루에도 수십 마리씩 닭을 팔고, 반대편 집은 몇 마리도 못 팔았다. 원인을 조사해 보았더니 닭이 많이 팔리는 집은 안 팔리는 집의 닭과 모든 조건이 다 같았지만 오직 한 가지 다른 이유가 있었다. 소비자의 입장에서 원하는 것을 만족시키는 '신뢰감'에 있었다. 비록 닭 한 마리에 불과하지만 소비자들은 '믿을 수 있다'는 그 이유 하나만으로도 줄을 선다.

얼마 전에 막을 내린 TV드라마 '상도'에서 시사하는 바가 컸듯이 "장사란 돈을 남기는 것이 아니라 사람은 남기는 것"이라면 소비자가 무엇을 원하는지 잘 파악해야 할 것이다.

작은 소리도 크게 듣겠다고 말은 번지르르하지만 아직도 우리나라의 소비자들은 그 말조차 신뢰하지 못한다. 그 원인 중의 하나가 지금까지 우리나라의 상품 개발이 소비자에게 주파수를 제대로 맞추지 못한 결과에 있다.

부실기업, 부실공사, 부실상품이라는 오명을 씻어버리고 소비자들의 신뢰를 회복하여 성공하고 싶다면 소비자들에게 좀 더 정직해야 할 것이다.

발명이 세상을 바꾼다

지은이 / 유 중 근
펴낸이 / 이 방 원
펴낸곳 / 세창미디어
　　　　서울특별시 종로구 교남동 47-2
　　　　전화 · 723-8660(代) 팩스 · 720-4579
　　　　e-mail / sc1992@korea.com
　　　　homepage / www.scpc.co.kr
　　　　등록 / 1998. 1. 12 제 1-2272호(윤)

값 6,000원

* 잘못 만들어진 책은 바꾸어 드립니다.

초판 인쇄 / 2002년 9월 5일
초판 발행 / 2002년 9월 10일

ISBN 89-5586-013-7 03000

세창